基于深度学习的
图像处理技术研究

洪华秀　著

汕頭大學出版社

图书在版编目(CIP)数据

基于深度学习的图像处理技术研究 / 洪华秀著. —
汕头:汕头大学出版社,2021.7
ISBN 978-7-5658-4407-2

Ⅰ.①基… Ⅱ.①洪… Ⅲ.①图像处理软件 Ⅳ.
①TP391.413

中国版本图书馆 CIP 数据核字(2021)第 162684 号

基于深度学习的图像处理技术研究
JIYU SHENDU XUEXI DE TUXIANG CHULI JISHU YANJIU

著　　者:	洪华秀
责任编辑:	邹　峰
责任技编:	黄东生
封面设计:	郭宝鹰
出版发行:	汕头大学出版社
	广东省汕头市大学路 243 号汕头大学校园内 邮政编码:515063
电　　话:	0754—82904613
印　　刷:	蚌埠市广达印务有限公司
开　　本:	787×1092mm　1/16
印　　张:	6.25
字　　数:	160 千字
版　　次:	2021 年 7 月第 1 版
印　　次:	2023 年 10 月第 1 次印刷
定　　价:	59.80 元

ISBN 978-7-5658-4407-2

前　言

　　作为一名一线专业教师，需要坚持不断地学习并掌握学科领域的最新技术，提升自己的专业技能，以面对社会发展、科技进步所带来的新技术和新方法的挑战。

　　2016年被称为人工智能元年，这一年，科技巨头们联手开启了人工智能时代，AlphaGo战胜了世界围棋第一高手李世石；IBM(International Business Machines Corporation，国际商业机器公司)的人工智能Watson用几秒钟时间阅读了诺贝尔文学奖获得者鲍勃·迪伦(Bob Dylan)的作品并给出了"流逝的光阴和枯萎的爱情"的评价；中国百度公司的语音识别技术获得MIT(Massachusetts Institute of Technology，麻省理工学院)公布的2016年十大突破技术之一。这些令人惊叹的成就依靠的是云计算、大数据、神经网络和深度学习技术的结合。

　　人工智能深度学习技术从实验室走向生活，取得了举世瞩目的成就，也吸引了大量相关领域的人员进行学习和开发。

　　本书写作的主要原因，首先是将作者近年来在深度学习领域的学习和工作做一个全面的总结，从人工智能、机器学习、深度学习的概念和关联到深度学习的数学基础；从深度学习的编程基础到图像处理中的深度网络应用；从广为人知的TensorFlow到中国百度的PaddlePaddle(百度飞桨)，从基础到实践，内容全面，通俗易懂。其次是对深度学习中近几年个人比较关注的部分内容如激活函数、深度对抗网络、PaddlePaddle的应用做进一步的探讨和实践。

　　本书共四章内容：

　　第1章介绍人工智能、机器学习、深度学习的概念和它们之间的关系，对当前比较热门的名词进行了梳理。

　　第2章介绍了深度神经网络的发展，侧重介绍了卷积神经网络和卷积运算，并对卷积网络中的激活函数进行重点阐述，从常见的激活函数到组合激活函数、从理论阐述到 PaddlePaddle 平台的实际应用。

　　第 3 章介绍了当前普遍应用的深度学习平台，着重介绍百度公司的 Paddle-Paddle 平台特点和应用。

　　第 4 章介绍基于 PaddlePaddle 的图像处理案例和 PaddlePaddle 开发模块，重点介绍了生成对抗网络和超分辨率重建图像处理技术。

　　本书的代码运行环境为 PaddlePaddle 开发环境。

　　由于时间仓促和作者水平有限，对于书中的疏漏、错误之处，敬请广大读者和有关专家学者不吝批评指正。

作　者

2021 年 6 月

目　　录

第1章 引 言

1.1 人工智能

人工智能(Artificial Intelligence,AI)是研究机器如何实现模拟、延伸、扩展人类智能活动的理论、方法、技术及应用的一门新学科,最早是计算机科学的一个分支,讨论用人工的方法和技术来研制智能机器或智能系统,使计算机拥有近似人类的智能行为。现在是涉及数学、计算机科学、信息学、逻辑学、思维学等学科的交叉学科,也是当前科学技术中正在飞速发展且新思想、新方法不断涌现的学科,是当前和未来很长时间人类研究的热点。

斯坦福大学人工智能研究中心的尼尔逊教授对人工智能下了这样的定义:"人工智能是关于知识的学科——怎样表示知识以及怎样获得知识并使用知识的科学。"而麻省理工学院的温斯顿教授则认为:"人工智能是研究如何使计算机去做过去人才能做的智能工作。"

人工智能是计算机科学的一个分支,它企图了解智能的实质,并生产出一种新的能以人类智能相似的方式做出反应的智能机器,该领域的研究包括机器人、语言识别、图像识别、自然语言处理、专家系统等。人工智能自诞生以来,理论和技术日益成熟,应用领域也不断扩大。可以设想,未来人工智能带来的科技产品,将会是人类智慧的"容器"。人工智能可以对人的意识、思维的信息过程进行模拟。人工智能不是人的智能,但能像人那样思考,也可能超过人的智能。

人工智能的发展或许可以追溯到公元前仰望星空的古希腊人,当亚里士多德为了解释人类大脑的运行规律而提出联想主义心理学的时候,他恐怕不会想到,两千多年后的今天,人们正在利用联想主义心理学衍化而来的人工神经网络构建超级人工智能,一次又一次地挑战人类大脑认知的极限。

联想主义心理学是一种理论,它把人的意识归纳为一组概念元素,而这些元素之间又可以关联组织起来。受柏拉图的启发,亚里士多德审视了记忆和回忆的过程,提出了四种联想法则：

　　邻接：空间或时间上接近的事物或事件倾向于在意识中相关联。

　　频率：2个事件的发生次数与这2个事件之间的关联强度成正比。

　　相似性：关于一个事件的思维倾向于触发类似事件的思维。

　　对比：关于一个事件的思维倾向于触发相反事件的思维。

　　此后两千年间，联想主义心理学理论被多位哲学家或心理学家补充完善，并最终引出了 Hebbian 学习规则，该学习规则成为了神经网络的基础。

表 1-1　深度学习发展史上的里程碑

年份	作者	文献
300BC	Asistotle	Introduced Associationism，started the history of human's attempt to understand brain.
1873	Alexander Brain	Introduced Neural Groupings as the earliest models of neural network，inspired Hebbian Learning Rule.
1943	Mcculloch & Pitts	Introduced MCP Model，which is considered as the ancestor of Artificial Neural Model.
1949	Donald Hebb	Considered as the father of neural networks，introduced Hebbian Learning Rule，which lays the foundation of moder neural network.
1980	Kunihiko Fukushima	Introduced Neocogitron，which inspred Convolutional Neural Network.
1985	Hilton & Sejnowski	Introduced Boltzmann Machine
1986	Michael I. Jordan	Defined and introduced Recurrent Neural Network
1990	Yann LeCun	Introduced LeNet，showed the possibility of deep neural networks in practice.
1997	Schuster & Paliwal	Introduced Bidirectional Recurrent Neural Network.
2006	Geoffrey Hinton	Introduced Deep Belief Networks，also introduced layer－wise pre-training technique，opened current deep learning era.
2009	Salakhutdinor & Hinton	Introduced Deep Boltamann Machines.
2012	Geoffrey Hinton	Introduced Dropout，an efficient way of training neural networks.

　　阿兰·图灵是人工智能学科的先导者，他不仅是一位科学家，还是一位哲学家。他于1950 年在权威杂志 *MIND* 上发表了《计算机器和智能》，他在这篇文章中提出"图灵测验"：测试者与被测试者（一个人和一台机器）在隔开的情况下，通过一些装置（如键盘）向被测试者随意提问。进行多次测试后，如果有超过 30％的测试者不能确定出被测试者是人还是机器，那么这台机器就通过了测试，并被认为具有人类智能。1936 年，图灵又发表了题为《论

数字计算在决断难题中的应用》的论文。在这篇开创性的论文中,图灵给"可计算性"下了一个严格的数学定义,并提出著名的"图灵机"(Turing Machine)的设想。"图灵机"不是一种具体的机器,而是一种思想模型,可制造一种十分简单但运算能力极强的计算装置,用来计算所有能想象得到的可计算函数。"图灵机"与"冯·诺伊曼机"齐名,被永远载入计算机的发展史中。1950 年 10 月,图灵又发表另一篇题为《机器能思考吗?》的论文,成为划时代之作。也正是这篇文章,为图灵赢得了"人工智能之父"的桂冠。所以阿兰·图灵被认为是人工智能的奠基人。

1956 年,约翰·麦卡锡(John McCarthy)、马文·闵斯基(Marvin Minsky,人工智能与认知学专家)、克劳德·香农(Claude Shannon,信息论的创始人)、艾伦·纽厄尔(Allen Newell,计算机科学家)、赫伯特·西蒙(Herbert Simon,诺贝尔经济学奖得主)等科学家在达特茅斯学院(Dartumouth college)召开的会议上正式提出"人工智能"这一概念,标志着人工智能的诞生,这一时期,学术界人工智能研究潮流兴起。

20 世纪 60 年代,人工智能呈现出初期的繁荣与乐观,以命题逻辑、谓词逻辑等知识表达、启发式搜索算法为代表。当时就已经开始研究下棋了。AI 专门机构开始创建,麦卡锡和明斯基先后跳槽到 MIT(麻省理工学院),创建了第一个 AI 实验室。刚成立的 ARPA(美国国防部高级研究计划局,因特网的创造者)立刻给了 MIT 的 AI 研究经费 300 万美元。达特茅斯会议之后的 10 多年里,有人把这段时间称为 AI 的第一个黄金 10 年。

20 世纪 70 年代,由于研究基础薄弱,最重要的是计算机计算能力、处理速度和内存不足,人工智能艰难前行。人工智能的很多问题解决的算法时间复杂度是指数级的,计算能力不足导致需要相当长的计算时间,人工智能研究遭遇瓶颈,技术陷入低迷发展期。所以这一时期可以查阅的文献资料也不多,1956—1974 年,相关的研究主要以命题逻辑、谓词逻辑等知识表达、启发式搜索算法为代表。

1973 年,著名应用数学家 Michael James Lighthill(麦克尔·詹姆斯·莱特希尔,剑桥大学路斯卡讲席教授)受英国科学研究委员会委托,全面审核调研人工智能领域学术研究状况,推出了赫赫有名的 *Lighthill Report*,批评了机器人和自然语言处理等人工智能领域的许多基本研究,结论十分严厉:"AI 领域的任何一部分都未能产出人们当初承诺的有主要影响力的进步。"报告一出,英国政府和美国政府就大规模地缩减了对人工智能研究的投入。各国政府纷纷效仿,如釜底抽薪,人工智能进入第一个寒冬,此后历经了将近 10 年的沉寂期。

20 世纪 80 年代初期,是人工智能研究的复兴时期,人工智能领域的专家开始做专家系统、知识工程、医疗诊断等,机器学习开始兴起,中国当时也有研究人员尝试做中医系统,虽然这一研究过程中也有学者拿了图灵奖,但是这些研究因为没有很好的理论基础,并没有取得特别显著的成果。

80 年代末期之后将近 20 年时间是人工智能的第二个寒冬,项目很难拿到经费,科研人员举步维艰,顽强坚持,基于神经网络的算法研究迅速发展,计算机硬件水平逐步提升以及互联网的发展,为人工智能日后的复兴打下基础。人工智能开始进入缓慢平稳的发展阶段。

20世纪90年代后期,由于计算机能力的不断提高,人工智能卷土重来,所以人工智能可以说是一名"90后"。计算机经历了40多年的迭代更新,1991年,有了人工神经网络的研究,计算机才朝着模仿人的思维方面努力,才有了真正意义上的人工智能。

2006年,研究人员发现了成功训练深度神经网络的方法,并将这一方法定义为深度学习。

2012年,深度学习应用到图像识别领域,大大突破了之前的算法,在图像处理领域得到前所未有的突破,从而在科研领域和工业界掀起了研究和应用的狂热浪潮。

人工智能是一个非常广泛的领域,当前涵盖了很多学科范围,可以大致归纳为以下六个:计算机视觉(模式识别、图像处理等)、自然语言理解和交流(语音处理)、认知与推理、机器人学(机械、控制、设计、运动等)、博弈(人机对战)、机器学习(统计建模、分析计算)。这些领域很多应用又可能是交叉发展和统一的。人工智能的发展从20世纪50年代的逻辑表达启发式搜索到80年代的专家系统神经网络,之后是视觉、语言、认知机器人等,到现在热门的深度学习系统。数学应用也从数理逻辑表达与推理到在概率统计理论基础上的建模、机器学习、计算算法等。基于神经网络的算法研究迅速发展,在一定程度上提升了计算机硬件水平发展,以及促进了互联网的发展。

(1)Ulf Grenander在20世纪60年代开始研究随机过程和概率模型,建立了广义模式理论,试图给自然界建立一套统一的数理模型,是广义模式的先驱。

(2)Leslie Valiant在离散数学、计算机算法、分布式体系结构方面有大量贡献。1984年,他发表了一篇文章,开创了computational learning theory。提出了两个简单又深刻的问题,第一个问题:你到底要多少例子、数据才能近似地、以某种置信度学到某个概念,就是PAC learning(Probably Approximately Correct? Learning,概率近似正确学习)。第二个问题:如果两个弱分类器综合在一起,能否提高性能? 如果能,那么不断加弱分类器,就可以收敛到强分类器。这个就是Boosting和Adaboost的来源,是机器学习的原理。2010年,Leslie Valiant获得了图灵奖。

(3)Andrew Ng(吴恩达),斯坦福大学计算机科学系和电子工程系副教授、人工智能实验室主任。吴恩达是人工智能和机器学习领域国际上最权威的学者之一。吴恩达也是在线教育平台Coursera的联合创始人。2010年加入谷歌团队,与谷歌顶级工程师合作建立全球最大的神经网络,也就是著名的"谷歌大脑"。

人工智能的快速发展是建立在算法、计算机计算能力和大数据基础上的。

人工智能发展的基础支撑之一是算法,算法是指用系统的方法描述解决问题的策略方法,能够通过一定的输入从而输出相应的计算结果。新的算法的发展是计算机学习能力的重要因素。

　　人工智能发展的第二个基础支撑是计算机的硬件计算能力。近几年,云计算、图形处理器的进步对人工智能发展起了很大的推动作用,使人工智能可以获得更大规模的计算能力。

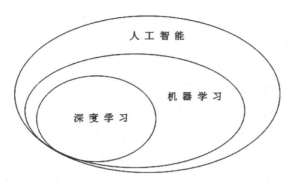

图 1-1　人工智能、机器学习、深度学习关系韦恩图

　　人工智能发展的第三个基础支撑是大数据。人工智能的许多算法需要大量样本数据进行训练,所以大数据是人工智能的重要原材料,是人工智能提升精确度和识别度的重要因素。近些年,移动互联网的爆发式发展,使得人工智能有更多的应用场景,也使得人们产生的数据量呈指数形式增长,这些数据能够支撑人工支撑的发展。

　　因此,人工智能是一门内涵十分丰富的科学,由不同的知识领域组成,其中非常热门的有机器学习、计算机视觉、模式识别、深度学习等。

　　目前,很多国家对人工智能高度重视,基于国家战略布局,推动人工智能产业的发展。

　　2017 年 3 月 5 日,国务院总理李克强发表 2017 年《政府工作报告》,指出要加快培育壮大包括人工智能在内的新兴产业。“人工智能”首次被写入国务院政府工作报告,意味着人工智能已经上升为国家战略。随即我国相继出台一系列支持人工智能发展的政策,体现出国家对新兴科技的重视和发展决心。各大科技企业争相宣布其人工智能发展战略,资本更是对这一新兴领域极为倾心。

　　2017 年 12 月,人工智能入选“2017 年度中国媒体十大流行语”。

　　由清华大学中国科技政策研究中心、清华大学公共管理学院政府文献中心、清华大学中国工程科技发展战略研究院等撰写的《中国人工智能发展报告 2018》指出:中国在人工智能领域论文的全球占比至 2017 年已 27.68%,其中高校是人工智能论文产出的绝对主力;截至 2017 年,中国的人工智能人才拥有量占全世界 8.9%,仅次于美国,然而中国人工智能研究领域较为分散,大多集中在中、东部地区。

　　目前人工智能的应用技术主要包括:语音类技术,如语音识别、语音合成;视觉类技术,如图像识别、视频识别;自然语言处理类,如积极翻译文本、挖掘情感分析等。

　　目前人工智能领域的规范在逐渐完善,IEEE(电气和电子工程师协会)目前已经批准了

7 个标准项目；发展人工智能的最终目的不是用来替代人类，而是帮助人类变得更加智慧。

教育将在人工智能的发展过程中起到关键作用，人工智能在线教育领域的应用主要集中在以下几个方面：自适应个性化学习、虚拟导师、教育机器人、基于编程和机器人的科技教育等；在教育领域人工智能的意义是协助教师使教学变得更加高效和有趣。

近 5 年来，世界各国发布了一系列人工智能政策。中国在 2017 年发布了具有纲领性作用的《国务院关于印发新一代人工智能发展规划的通知》（国发〔2017〕35 号），对未来人工智能产业的发展方向和重点领域给予了指导性的规划。党的十九大报告要求推动互联网、大数据、人工智能和试题经济深度融合，强调规划实施构建开放协同的人工智能科技创新体系，把握人工智能技术属性和社会属性高度融合的特征，坚持人工智能研发公关、产品应用和产业培育三位一体推荐，强化人工智能对科技、经济、社会发展和国家安全的全面支撑。从发展环境上看，中央和地方政府都积极出台了大力支持人工智能发展的政策，资本市场对人工智能的热情高涨，大多数人愿意接受人工智能产品，高校和网络教育平台也积极开设了人工智能相关课程，这说明中国社会对人工智能的发展总体上持积极向好的态度。

作为新一轮科技革命的重要代表之一，人工智能正由科技研发走向行业应用，将面临更多的发展机遇。

1.2　机器学习

机器学习（Machine Learning，ML）是人工智能的核心技术，专门研究计算机怎么模拟或实现人类的学习行为，以获取新的知识和技能，重新组织已有的知识结构使之不断改善自身的性能，其应用遍及人工智能的各个领域。虽然机器学习已经发展了很多年，但是业界并没有一个统一的定义。

在机器学习发展历史进程中，人们尊称 Arthur Samuel 为人工智能先驱，他于 1959 年创造了"机器学习"这个名字，他对机器学习的定义是：不需要确定性编程就可以赋予机器某项技能的研究领域（field of study that gives computers the ability to learn without being explicitly programmed）。Arthur Samuel 早在 1952 年就开发了一个计算机跳棋程序，这个跳棋程序有学习能力，计算机程序自己跟自己下棋，并通过观察判断哪一种布局是"好"或者"不好"，从而获得丰富的下棋经验，以改进成为更好的下棋程序，这个下棋程序被认为是最早的机器学习程序。

卡内基梅隆大学教授 TOM Mitchell 在 1997 年在出版的书籍 *Machine Learning* 中对机器学习的定义是：Machine Learning is the study of computer algorithms that improve automatically through experience。翻译为：机器学习是对能通过经验自动改进的计算机算法的研究。因此，机器学习是一种"训练"算法的方式，目的是使机器能够向算法传送大量的数据，并允许算法进行自我调整和改进,这和应用传统算法应用特征指令的编程软件有本质的区别。"机器"需要在大量数据中寻找一些模式,然后在没有过多人为参与的情况下,用训练好的模式来预测结果。一个好的学习问题描述如下:一个程序被认为从经验 E 中学习,解决任务 T,达到性能 P,当且仅当,有了经验 E 后,经过 P 评判,程序在处理 T 时性能有所提升。

以一个基于机器学习的垃圾邮件过滤系统为例,任务 T 为将邮件分类为是垃圾邮件或不是,经验 T 为观察用户将哪些邮件标注为垃圾邮件,性能 P 为标注垃圾邮件的正确率。

在机器学习中,概率与统计的思想占据了很重要的地位,是机器学习中比较核心的概念。在对传统计算机程序的理解中,我们要让计算机程序工作,就要给计算机相关指令,然后计算机按照这个指令执行后输出相应结果。而在机器学习中,我们给计算机输入的不是相关指令而是数据,是大量的数据! 因此,机器学习就是让计算机从大量的数据中学习归纳出相关的规律和逻辑,然后利用学习到的规律来预知以后的未知事物(图 1-2)。机器学习的传统算法包括决策树学习、推导逻辑规则、聚类、回归、贝叶斯网络、神经网络等。

图 1-2　机器学习的输入、输出

机器学习相当于我们使用计算机设计一个系统,并给这个系统大量的数据、样本、实例和一定的学习规则,即计算机算法,这个系统能够运用数据进行训练,并且随着训练次数的增加,该系统在性能上可以不断学习和改进,最后通过参数优化的学习模型来预测相关问题的输出。因此,机器学习的最终目的是使得计算机拥有和人类一样的学习能力,使得计算机具有决策、推理、认知和识别的能力。

机器学习有很多算法,包括线性和非线性的。一些算法可以拟合出复杂的非线性模型,可以反映出直线不能表达的情况。

机器学习中最简单的是线性关系的推断,称为线性拟合。如给出一组中学生的身高(x)和体重(y)的数据,我们要怎样拟合出一个简单的线性方程,能很好地概括中学生身高和体重的关系? 我们可以通过给出的数据,找到一条较为合适的直线,使得这条直线尽可能多地穿过所有 x 和 y 数据点,从而得出直线方程:

$$y=wx+b$$

从上述例子也可以看出,给出的数据越多,拟合的方程或模型会越精确。这也是机器学习领域"统计"思想的一个体现。

机器学习从属于人工智能,是人工智能的一个子集。目前较为成功地在很多领域均有应用,如模式识别、统计学习、语音识别、数据挖掘、计算机视觉等(见表1-2)。

表1-2　机器学习应用领域

机器学习相关应用领域	模式识别	计算机技术＋数学统计方法,几乎等同于机器学习概念
	统计学习	机器学习的大多数方法是以对数据的统计为支撑的,统计学习更侧重于统计模型的发展和优化,重视数学理论
	语音识别	机器学习＋语音处理,一般会结合自然语言的处理技术,有很多应用产品问世。如 Apple 的语音助手 Siri,天猫精灵等
	数据挖掘	机器学习＋数据库,数据挖掘算法是机器学习算法在数据库中的应用
	计算机视觉	机器学习＋图像处理技术,当前应用十分广泛,如车牌识别、手写字体识别等。

机器学习本质上属于应用统计学,它关注如何用计算机统计估计复杂函数,不太关注为这些函数提供置信区间,统计主要的方法为频率统计派和贝叶斯推断,机器学习算法也可大致分为监督学习算法和无监督学习算法两类,而深度学习算法是基于随机梯度下降算法求解的。

机器学习是用数据或以往的经验,以此优化计算机程序的性能标准,英文定义为:A computer program is said to learn from experience E with respect to some class of tasks T and performance measure P, if its performance at tasks in T, as measured by P, improves with experience E.

所谓学习的简洁定义:"对某类任务和性能,一个计算机程序被认为可以从经验中学习是指通过经验改造后,它在任务上由性能度量衡量的性能有所提升。"

机器学习任务,指的是机器学习可以让我们解决一些认为设计和使用确定性程序很难解决的问题。学习过程本身不算是任务,学习是我们完成任务的能力。机器学习任务定义为机器学习系统应该如何处理样本,样本是我们从某些希望机器学习系统处理的对象或者时间中获取的特征的集合,样本的特征通常被表示成向量 X,向量的每一个元素代表一个特征,比如三通道图像的像素值可以表示成向量。

机器学习可以解决常见任务如下:

(1)分类:指出某些输入属于表示 K 个类(改成"K 个类",或者改成"若干个类")中的哪一类,分类模型将向量 X 所代表的输入分类到对应算法得出的类别中,或者是得出不同类别的概率分布。

(2)回归:主要是程序需要对给定输入预测数值,例如预测证券未来价格,预测投资人的收益金额。

（3）机器翻译：对于输入的语言的符号序列转换成另一种语言的符号序列，比如在线翻译。

（4）异常检测：在这类任务中，程度监控事件或用户，对不正常或者非典型的个体进行标记和处理。

（5）合成：这类任务中，机器学习程序生成一些和训练数据相似的新样本。通过机器学习，采样和合成可能在媒体应用中非常有用，可以避免艺术家大量昂贵或者乏味费时的手动工作。例如，视频游戏可以自动生成大型物体或风景的纹理，而不是让艺术家手动标记每个像素。在某些情况下，我们希望采样或合成过程可以根据给定的输入生成一些特定类型的输出。例如，在语音合成任务中，我们提供书写的句子，要求程序输出这个句子语音的音频波形。这是一类结构化输出任务，但是多了每个输入并非只有一个正确输出的条件，我们明确希望输出有很大的偏差，使结果看上去更加自然和真实。

（6）去噪：这类任务中，机器学习算法的输入是，由未知破坏过程从干净样本 $x \in R^n$ 得到的污染样本。算法根据污染后的样本 x' 预测干净的样本 x，如图像中的领域，数字图像在获取、传输过程中可能会受到由摄像机传感器元器件内部产生的高斯噪声影响，我们可以通过均值滤波算法和中值滤波算法，对图像像素做邻域的运算来达到去噪结果。

为了评估机器学习算法的能力，还需要设计出合适的性能度量方法，对于分类任务，性能度量通常是准确率或者错误率（分别指该模型输出正确结果的样本比例或者错误结果的样本比率）。另外，机器学习算法在未观测数据上的性能好坏也是其算法优劣的一个衡量方法，我们使用测试集数据来评估系统性能，将其与训练机器学习系统的训练集数据分开。

根据机器学习过程的不同，机器学习算法可以大致分类为无监督学习算法和监督学习算法。机器学习在很多学习算法的处理上使得在整个数据集上获取了经验。数据集是由多样本组成的数据点的集合，比如宠物图片数据集 Oxford，基于 MNIST 的视觉计数合成数据集 Counting MNIST 等。每个单独图片对应一个样本。

无监督学习（unsupervised learning）算法训练含有很多特征的数据集合，然后学习出这个数据集上有用的结构性质，在深度学习中则是学习生成数据集的整个概率分布，比如密度估计，合成或者去噪，还有将数据集分成相似样本的集合，比如聚类，在百度新闻网页中，新闻被组成关联的分组，每天搜索的新闻事件，自动地把它们聚类到一起。

监督学习（supervised learning）算法则是训练含有多个特征的数据集，不过数据集的样本都有一个标签。例如一家商店要根据前 5 年的某个商品的销售数据预测下一年该商品的销售情况，可以将年份和销售数描述成二维坐标轴上的一条直线，根据直线推断出下一年的数据，这就是机器学习中的线性回归问题。大致来说，无监督学习涉及观察随机向量 X 的好几个样本，试图学习出概率分布 $p(x)$，或者关于分布的性质，而监督学习包含观察随机向量 X 及其相关联的值或者向量，然后从 x 预测出 y。所以监督学习可以理解为有学习目标，而无监督学习则没有。

　　然而在实际应用中,很多时候无监督学习和监督学习没有明确的界面划分,无监督学习可以为监督学习做数据预处理,因此很多技术可以综合应用 2 个算法。

1.3　深度学习

　　深度学习的理论基石 universal approximation(万能近似定理)布尔函数二次逼近:一个隐藏层的多层感知机(MLP)可以准确地表示布尔函数;连续逼近:一个隐藏层的多层感知机可以以任意精度逼近任何有界连续函数;任意逼近:两个隐藏层的多层感知机可以以任意精度逼近任何函数。universal approximation 的相关理论——一个多层神经网络具备表达任何方程的能力——已经成为深度学习的标志性特点。

　　深度学习是机器学习领域的一个新的分支,要掌握深度学习,也要对机器学习有一定的理解。机器学习已经在各个领域得到了广泛的应用,我们每天都在不知不觉地使用机器学习的算法,比如网上购物,网页自动优先推送你经常搜索感兴趣的商品内容;你的手机照相机可以在照片上自动识别出人物头像;网页搜索可以自动识别并提示关键词;数据挖掘;手写字体识别等。这些都是机器学习的功能。所以深度学习是机器学习技术的纵深发展。简单来说,机器学习是人工智能的子集,而深度学习是机器学习的子集。一个人在日常生活中积累的智慧很多方面是直观的、主观的,很难用形式化的方式表达清楚,计算机要具备人工智能,则需要获取同样的非形式化的知识,所以人工智能的一个关键挑战就是如何将这些非形式化的知识传达给计算机。机器学习模型和深度学习模型可以用图 1-3 来表示。

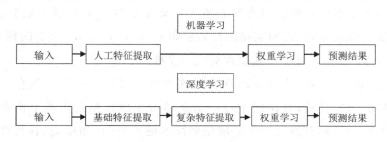

图 1-3　机器学习模型和深度学习模型

　　一种解决方案是让计算机从经验中学习,并根据层次化的概念体系来理解世界,而每个概念则通过与某些相对简单的概念之间的关系来定义。让计算机从经验中获取知识,可以避免由人类形式化地指定它需要的所有知识。层次化的概念让计算机构建较简单的概念来学习复杂概念,这种方法称为人工智能深度学习。

　　早期的深度学习受到神经科学的启发,可以理解为传统神经网络的拓展,采用了与神经网络相似的分层结构,包括输入层、隐层、输出层的多层网络。所以也可以简单描述为深度学习是基于多层神经网络的,以海量数据为输入的规则自学习的方法。与浅层网络相比,深度学习可以重复利用中间层计算单元,减少参数的设定。另一方面,深度学习通过学习一种非线性网络结构,只需要简单的网络结构即可实现复杂函数的逼近,并展现了强大的从大量无标注样本集中学习数据集本质特征的能力,可以获得更好的方法表示数据的特征。由于深度学习模型的层次深、表达能力强,可以有更好的能力来对大规模数据进行处理。

图 1-4 深度学习模型

深度学习网络模型的优劣通过损失函数来评价,最优化损失函数的过程是学习的过程,学习过程是模型中参数的学习,最后达到优化模型的结果。

以水果图像识别为例说明深度学习的开发,可以大致分为三个过程:

(1)收集数据,收集大量的水果图像数据,将这些图片作为训练集数据、测试集数据。

(2)训练模型,通过数据训练模型,使得模型能够得到正确的映射,能够正确地识别这张图是“苹果”,那种图是“梨子”。这种训练迭代的过程可以通过识别模式来对函数进行相应的评价。

(3)测试、维护、更新模型,模型训练完成进入测试、应用阶段,当发现模型存在问题时,要进行相应的维护和更新。比如由于训练数据局限性导致模型的泛化能力问题,则需要更新训练数据。

从深度学习模型的开发应用过程可以看出,模型的训练需要大量的数据,这些数据可能来自互联网搜索引擎的积累,可能来自某个行业,或是麦克风、摄像头数据的收集……数据对深度学习以及人工智能的发展至关重要,深度学习应用的第一步总是从收集数据开始的。

例如某公司的服装销售策略优化项目,首先要收集包括客户性别、年龄、城市等销售数据,从数据中分析购买群体与城市、邮费、年龄等的相关性,从而在策略上作出调整,增强面向市场的针对性。

大数据是深度学习的基本组成部分。通过大量的数据以及数据科学技术的处理,才能获得预测未来行为的方法。所以,数据改变着人类的生活、工作方式,数据科学让社会走向数字化。

麦肯锡全球研究所给出大数据(Big Data)的定义是:一种规模大到在获取、存储、管理、分析方面大大超出了传统数据库软件工具能力范围的数据集合,具有海量的数据规模、快速的数据流转、多样的数据类型和价值密度低四大特征。所以大数据的规模或技术与网络的飞速发展是分不开的。

中国工程院李国杰院士把大数据提升到战略的高度,他表示,数据是与物质、能源一样重要的战略资源。从数据中发现价值的技术正是最有活力的软技术,在数据技术与产业上的落后,也许会使我们像错过工业革命机会一样延误一个时代。

全球迎来人工智能发展新一轮浪潮,人工智能成为各方关注的焦点。从软件时代到互联网,再到如今的大数据时代,数据的量和复杂性都经历了从量到质的改变,可以说大数据引领人工智能发展进入重要战略窗口。

从发展意义来看,人工智能的核心在于数据支持。

大数据技术的发展打造坚实的素材基础。大数据具有数据量大、多样性、价值密度低、速度快等特点。大数据技术能够通过数据采集、预处理、存储及管理、分析及挖掘等方式,从各种各样类型的海量数据中快速获取有价值信息,为深度学习等人工智能算法提供坚实的素材基础。深度学习技术的发展也需要海量的知识和经验,而这些知识和经验就是数据,人工智能需要有大数据支撑,反过来,人工智能技术也同样促进了大数据技术的进步,两者相辅相成,任何一方技术的突破都会促进另外一方的发展。

从发展现状来看,人工智能技术取得突飞猛进的进展得益于良好的大数据基础。

首先,海量数据为训练人工智能提供了原材料。据统计,全球独立移动设备用户渗透率超过了总人口的 65%,活跃互联网用户突破了 40 亿人,接入互联网的活跃移动设备超过了 50 亿台。海量的数据给机器学习带来了充足的训练素材,打造了坚实的数据基础。移动互联网和物联网的爆发式发展为人工智能的发展提供了大量学习样本和数据支撑。

其次,互联网企业依托大数据成为人工智能的排头兵。Google 的 20 亿行代码都存放在代码资源库中,提供给全部 2.5 万名 Google 工程师调用;亚马逊 AWS 为全球 190 个国家/地区超过百万家企业、政府以及创业公司和组织提供支持。在中国,百度、阿里巴巴、腾讯分别通过搜索、产业链、用户掌握着数据流量入口,体系和工具日趋成熟。

综上所述,大数据为人工智能的发展提供了必要条件。

但是大数据技术的战略意义不在于掌握庞大的数据信息,而在于对这些含有意义的数据进行专业化处理。大数据并不在"大",而在于"有用",要从庞大的数据中提取出有用的信息,使得机器获取更大的智慧才是大数据发展的目标,数据、信息、知识、智慧形成犹如金字塔关系(图 1-5)。

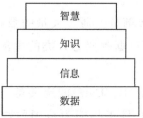

图 1-5 "金字塔"层次模型

如果把大数据比作一种产业,那么这种产业实现盈利的关键,在于提高对数据的"加工能力",通过"加工"实现数据的"增值"。有人把数据比喻为蕴藏能量的煤矿。煤炭按照性质有焦煤、无烟煤、肥煤、贫煤等分类,而露天煤矿、深山煤矿的挖掘成本又不一样。与此类似,价值含量、挖掘成本比数量更为重要。对于很多行业而言,如何利用这些大规模数据是赢得竞争的关键。尤其在 2020 年抗击疫情期间,大数据技术在疫情监测、分析、精准防控、公共资源配置、数据可视化等方面都发挥了巨大作用。

数据科学与大数据技术是近几年脱颖而出的一门热门的学科,结合了统计学、数据分析、机器学习等学科,以计算机技术为基础,以数据科学与大数据技术为核心,是一门将数据变成有用的知识的学科。数据科学与大数据技术涉及的部分技术如图 1-6 所示。

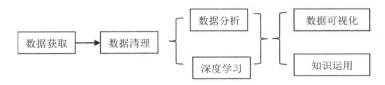

图 1-6　数据科学与大数据涉及的部分技术

数据正在改变着人类的生活、工作方式,数据科学使社会走向数字化。

1.4　行业领先企业

1.4.1　谷歌

作为全球科技巨头,全球十大科技顶级实验室,谷歌有两个:一个是 google X 实验室,位于美国旧金山一处秘密地点,在其中工作的人,都是谷歌从其他高科技公司、各大高校和科研院聘请来的顶级专家,目前已经正式发布的项目有无人驾驶汽车和谷歌眼镜。谷歌眼镜将 GPS、相机等功能集于一身,具有和智能手机一样的功能,可以通过声音控制拍照、视频通话和辨明方向,以及网上冲浪、处理文字信息和电子邮件等;另一个是 DeepMind 人工智能实验室,DeepMind 最早是一家英国的人工智能公司,2014 年被谷歌收购,举世闻名的AlphaGo(阿尔法围棋)就是这家公司的成果,AlphaGo 是第一个击败人类职业围棋选手、第一个战胜围棋世界冠军的人工智能机器人。2016 年 3 月,阿尔法围棋与围棋世界冠军、职业九段棋手李世石进行围棋人机大战,以 4 比 1 的总比分获胜;这是计算机科学和人工智能史上见证历史的一刻。

AlphaGo 通过强化学习与神经网络相结合的方式来模拟人脑的学习过程。该公司将机器学习和系统神经科学的最先进技术结合起来,建立了强大的学习算法。该实验室的总目标是不断研发多功能的能够像人类那样广泛、高效思考的"通用型"人工智能。谷歌还推出了一系列开源工具，如著名的 Tensorflow 开发平台，官网还发布了 Tensorflow 游乐场。

1.4.2　百度

百度，2017 年 5 月，在百度联盟峰会上，李彦宏提出了人工智能时代的划时代意义，人工智能时代从根本解决了人与物交流的问题。在这次会议上，百度宣布自己已经从一家互联网企业转型为一家人工智能企业，两个月后，百度又宣布称为人工智能平台，这就意味着百度的人工智能部署战略。百度人工智能主要是两大产品：Dueros 和 Apollo。Dueros 是把语音作为入口，打造未来智能家居和万物互联的关键节点；Apollo 是无人驾驶技术。

2017 年，世界记忆大师王峰在节目《最强大脑》中罕见地输了。时年 27 岁的他 5 分钟能记忆 500 个数字，曾率领中国代表队在扑克牌记忆赛中以 4：0 完胜德国队。但没人能想到，最终打败他的是一个胖嘟嘟、会说话卖萌的机器小孩——来自百度深度学习研究院的"小度"。

2017 年百度世界大会的主题是"Bring AI to Life"，当天，李彦宏用五环上一张罚单的故事点燃了公众对无人车的无限幻想。2018 年百度世界大会的主题是"Yes，AI Do"，百度与一汽共同发布 L4 级别无人驾驶乘用车。预计 4 年后长沙市民就可以体验百度无人驾驶出租车。

百度是中国最早投入人工智能领域研究的科技公司之一，目前在全球人工智能领域也具有重要的地位。2013 年，百度成立了深度学习研究院。2014 年，开始进入无人驾驶领域。2016 年正式发布百度大脑。2017 年，发布自主研究的云端全功能 AI 芯片。在 MIT 发布的"全球十大突破科技"榜单中，从 2016 年到 2018 年，百度曾连续 3 年分别以"语音接口""人脸识别""实时语音翻译"入围，体现出百度的产品研发范围和水平。百度正在利用"高技术改变世界"，向世界展现中国企业的人工智能的真正实力。

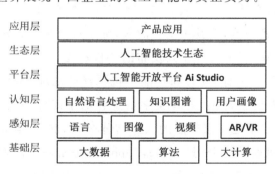

图 1-7　百度全面的人工智能版图

1.4.3　Facebook

Facebook 是社交网络平台，有 20 亿用户，占世界人口的 26％，他们每天都在生产海量的非结构化数据。这些数据如果搭配以适当的工具,就能成为丰富多彩的资源,得出许多有逻辑性的结论和解决方案。

Facebook 共发展了 2 个正规的人工智能实验室:一个名为 FAIR(Facebook's artificial intelligence research),由著名的人工智能学者 Yann LeCun 领导,主要致力于基础科学和长期项目的研究。FAIR 有相当一部分的研究精力都集中于攻克一些基础问题,比如推理、预测、计划、无监督学习等。与此同时,要想在这些研究领域有所建树,需要对生成模型、因果关系、高维随机优化、博弈论等理论有更深入的理解。如果想让人工智能的潜力在未来最大化为我们所用,这些长期的研究探索是需要一直坚持下去的。另一个名为 AML(Applied Machine Learning),主要是找到将人工智能和机器学习领域的研究成果应用到 Facebock 的现有产品的方法。

1.4.4 微软

在人工智能研究上,微软正着力推进三个领域的突破:数据图谱、云和智能平台,以及打造全新的用户体验。为了实现"普及人工智能全民化"的目标,微软提供了从 PaaS 级云服务,到 AI 基础设施,再到开发工具的全方位支持,包括运行于 Azure 上的 Azure 机器学习服务、认知服务、机器人框架和 Azure 机器人服务,以及 Visual Studio Code 人工智能开发套件等。微软致力于把人工智能变成人人触手可及的生产力。

1991 年,微软创立了微软研究院,主要研究不同计算机的科学主题与分布问题,是目前世界上顶尖的研究中心之一,吸引了计算机、物理、数学等领域的众多专家,研究的范围包括人机交互、机器学习、人工智能等十大类别。

微软还有个艾伦人工智能研究院,专注于人工智能技术研究,目前主要的项目是机器阅读和推理程序、语义理解搜索程序、自然语言理解程序和计算机视觉。

1.4.5 阿里巴巴

阿里巴巴的根基在于零售业务,其人工智能更多运用在电商、物流等零售服务业务体系内,给商家提供技术支持。如阿里巴巴的人工智能系统"鲁班"一秒能做 8000 张 banner 图;阿里巴巴的产品"天猫精灵"人工智能音箱销量非常好;还有零售无人商店和刷脸支付。阿里巴巴基于电商业务积累的商业化场景和云计算底层基础设施,拥有大数据和算力资源、对应用数据的价值挖掘能力以及聚合行业生态优势,阿里云承担技术底座的角色。

2017 年 2 月,国家发改委公布的大数据国家工程实验室名单中,包括了阿里云参与的"工业大数据应用技术国家工程实验室"。同年 10 月,阿里巴巴成立达摩院,宣布未来三年将投入超过 1000 亿人民币用于基础科学和颠覆式技术创新研究,重点布局机器智能、数据计算、机器人、金融科技以及 X 实验室五大领域共设置 14 个实验室。因此,阿里巴巴拥有全面的人工智能未来布局,涵盖语音、机器视觉、智能决策等各个方面。

1.4.6　腾讯

腾讯作为中国人工智能产业,已经发展的较为先进。腾讯凭借着 QQ、微信等社交软件,在我国网络大数据方面占据了一定的优势。

腾讯以"联结"为主题,将人工智能能力投射到消费级互联网和产业互联网,在产业端,通过腾讯云、腾讯优图等主题,在医疗智能、安防智能、教育智能、智慧校园等场景中发挥重要作用。

这些年也出现了很多对该领域产生重大影响的人物,在全世界范围内,Geoffrey Hinton、Yann LeCun 和 Yoshua Bengio 三人被公认为深度学习领域"三驾马车"。

(1)Geoffrey Hinton 是研究神经网络和深度学习的先驱,是迄今发明最多深度学习核心理念的人,人称他是"深度学习教父"。1982 年和 UCSD、Rumelhart 一起开发了反向传播算法,对深度学习算法起到里程碑式的影响,并在《自然》上发表。2013 年,Hinton 加入谷歌并带领一个 AI 团队,他将神经网络带入研究与应用的热潮,将"深度学习"从边缘课题变成了谷歌等互联网巨头仰赖的核心技术,并将反向传播算法应用到神经网络与深度学习。

(2)Yann LeCun 被誉为"卷积网络之父",为卷积神经网络(CNN,Convolutional Neural Networks)和图像识别领域做出了重要贡献,以手写字体识别、图像压缩、人工智能硬件等主题发表过 190 多份论文,研发了很多关于深度学习的项目,并且拥有 14 项相关的美国专利。Yann LeCun 也是 Facebook 人工智能研究院院长,纽约大学的 Silver 教授,隶属于纽约大学数据科学中心、Courant 数学科学研究所、神经科学中心和电气与计算机工程系。加盟Facebook 之前,Yann Lceun 已在贝尔实验室工作超过 20 年,其间他开发了一套能够识别手写数字的系统,叫作 LeNet。2013 年末,他成为 Facebook 的人工智能研究中心负责人,获得2014 年 IEEE 神经网络先锋奖、2015 年 IEEE PAMI 杰出研究奖、2016 年 Lovie 终身成就奖和来自墨西哥 IPN(墨西哥国立理工学院)的名誉博士学位。

(3)Yoshua Bengio 是《机器学习研究杂志》、《神经计算》杂志编辑,"机器学习基础与趋势"编辑,《机器学习》杂志和"IEEE 神经网络交易"杂志编辑。1991 年获得加拿大麦吉尔大学计算机科学博士学位,成为蒙特利尔大学计算机科学与运算研究系教授。出版了超过200 篇论文和书籍,并被引用在深度学习、复现神经网络、概率学习算法、自然语言处理和多元学习领域。他是加拿大最受欢迎的计算机科学家之一,也是机器学习和神经网络中顶尖期刊的副主编。目前的兴趣集中于通过机器学习对 AI 的追求,并且包括关于深度学习和表征学习的基本问题,高维空间中的泛化几何,多元学习,生物学启发式学习算法以及统计机器学习具有挑战性应用。

1.5　深度学习在计算机视觉领域的主要应用

深度学习技术的应用可以分为计算机视觉和自然语言处理两大类,自然语言处理旳主要应用包括文本分类(邮件分类、商品描述、情感评定等)、信息检索优化、机器翻译等。

中国有成语"百闻不如一见",意思是听别人说多少遍,还不如自己看一遍。这充分说明作为传递信息的媒介,图像的地位非常重要,人类从外界获取信息约60%−90%来自视觉系统,据研究,人类处理视觉信息的速度要快于触觉和听觉系统获得信息。

随着大数据时代的到来,一系列深度学习网络模型在计算机视觉领域展现出了巨大的优势。如图像分类、物体检测、图像分割、图像高清化、图像理解等,在这些具体的应用中,都有一个知识体系框架。

1.5.1　图像分类

图像分类最主要的应用体现在图像识别,通过图像分类识别图像物体种类,如最常用的应用人脸识别技术的身份认证。这项任务如果利用传统的数据录入、数据比对、数据识别技术,其识别效果往往不理想,因为图像总是在不同的状态下记录下来的,受光线、角度、比例等多变性的影响较大,而如今通过深度学习技术的图像识别技术已经较为完善,并且得到了很广泛的应用。

卷积网络最初是为了图像识别等问题设计的,现在已经普遍地应用于音频处理、文本处理等各个领域。在图像识别处理中,卷积神经网络凭借其可将三通道的彩色图像直接作为原始数据输入的优势,成为图像识别领域的研究热点。

2012 年,Alex Krizhevsky 提出了深度卷积神经网络模型 AlexNet,首次使用 GPU 加速运算,拥有 5 个卷积层,3 个最大池化层,3 个全连接层,65 万个神经元,以绝对优势赢得了 2012 年 ILSVRC((ImageNet Large Scale Visual Recognition Challenge,ImageNet 大规模视觉识别挑战赛)比赛的冠军。2014 年获得 ILSVRC 冠军的是 GoogleNet,使用了 59 个卷积层,16 个池化层和 2 个全连接层,有更多的卷积、更深的层次获得更好的结构。2016 年的 ImageNet 大规模视觉识别挑战赛图像分类竞赛中,基于深度学习算法的准确率超过了 97%。也就奠定了深度卷积网络在图像识别方面的统治地位。

图像识别技术在公共安全、生物、工业、交通、医疗等各个领域都有应用。例如车牌识别系统、人脸识别技术、指纹识别技术、心电图识别技术等。随着计算机技术的不断发展,图像识别技术将会应用于更多的领域(图 1-8)。

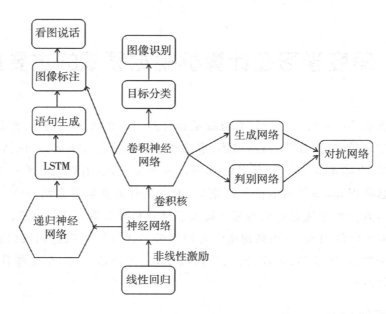

图 1-8　深度学习之图像处理框架①

目标检测是深度学习基于图像分类技术最常用的应用之一,有广泛的应用场景,例如在图 1-9 上检测出有猫、鲜花,就像人眼看到这张图片可以一眼分辨出图片中有哪些物体以及物体的位置。因此,目标检测需要完成的任务包括物体检测、物体分类以及图像分割。传统的目标检测算法采用滑动窗口从左至右、从上到下的全局搜索选取特征,这样的检测方式较为依赖设计特征,而且泛化能力较差,导致检测速度较慢、精度不高。

图 1-9　目标检测景象

随着深度学习技术的发展,基于深度卷积神经网络的目标检测算法使得这一领域得到了突飞猛进的发展。基于深度学习卷积神经网络的目标检测算法 R-CNN(Region-based convolutional neural network)是 Girshick 等人提出的最早的目标检测模型,检测精度比传统方法提高了近 30%。

基于深度学习网络的目标检测算法主要有两种算法:一种是基于回归的检测算法,该算法包括特征提取、目标分类、位置回归三个步骤。另一种基于候选区域的检测算法,包括选取候选区域、候选区域分类、位置回归。目标检测技术一般适用监督学习算法,对于监督学习,训练数据集对模型检测能力、泛化能力非常重要,目前应用较为广泛的数据集是 PASCAL VOC 数据集和 Microsoft COCO 数据集。PASCAL VOC 2007 和 2012 数据集共包括 Vehicle、Household、Animal、Person4 个大类,详细分类见下表 1-3,检测的结果是给出标出小类的名称。

表 1-3 基于候选区域的检测算法分析

Person	person
Animal	bird,cat,cow,dog,horse,sheep
Vehicle	aeroplane,bicycle,boat,bus,car,motorbike,train
Household	Bottle,chair,dining table,potted plant,sofa,tv/monitor

1.5.2 图像分割

在图像分类和检测技术中,图像分割是重要的预处理,没有正确的分割就不能正确地识别,图像分割算法可以综合完成图像场景中元素的识别、检测和分割,具有广泛的应用前景,是当前热门的研究之一。图像分割算法可以通过道路、车辆、行人、障碍物的分割检测辅助自动驾驶系统。医疗检查辅助图片的图像分割能够提高图像理解的效率和针对性。图像分割的难点主要在于图像分割边界的精确度、不同类别或相同类别的元素尺度差异(图 1-10)。

图 1-10 图像分割

基于深度学习的图像分割算法在分割精度上得到了令人满意的效果,目前,研究人员针对不同的应用场景提出了多种基于深度学习的图像分割算法。如通过提高特征图的分辨率获得更高精度的基于高分辨率语义特征图的图像分割算法、通过捕捉图像中的多尺度信息提升精度的基于多尺度信息的图像分割算法、通过捕捉图像中空间上下文相关性的基于上下文信息的图像分割算法等。基于深度学习的图像分割算法主要使用全卷积网络结构,利用大规模的图像分类数据集上预训练得到的图像识别网络,全卷积化后迁移到场景分割数据集上进行重新训练,基于深度学习的图像分割算法效果要优于传统的算法,在SIFT Flow 数据集上的像素级正确率从传统的 78.6% 提升到 85.2%。

1.5.3 图像高清化

提高图像分辨率,改善图像质量是近几年图像处理技术领域的热点之一。图像高清处理的原理是:低清图像的特征抽取、低清特征到高清特征的映射、高清图像的重建。深度卷积网络在传统方法的基础上将模型划分为三个部分:特征抽取、非线性映射和特征重建。三个部分都可结合卷积操作完成。另外可以通过计算损失函数来评价图像高清化的效果。生成对抗网络(GAN)是近期机器学习领域的重大变革,比较典型的应用是图像的高清化和图像的修复。其主要思想是训练 2 个模型分别是生成网络 G 和判别网络 D。G 用于生成图像高清化或图像修复任务,G 生成图像后,将生成图像和真实图像放到 D 中进行分类判别。在训练过程中,生成网络 G 的目标就是尽量生成真实的图片去欺骗判别网络 D。而 D 的目标就是尽量把 G 生成的图片和真实的图片分别开来。判别器 D 作为一个二分类器,它的目标函数是极大似然估计。G 和 D 的生成是互相"博弈"达到平衡的过程。基于 GAN 框架,定义好生成网络和判别网络,就可以完成图像高清任务。GAN 是一个新的充满挑战的领域。

1.5.4 图像理解

图像理解的定义是以图像为对象,知识为核心,研究图像中有什么目标、目标之间的相互关系、图像是什么场景以及如何应用场景。也可以简单地概括为对图像的语义理解,研究用计算机系统代替人解释图像语义。

对图像理解的研究始于 20 世纪 60 年代,早期的图像理解基于模式匹配和检索的方法,随着人工智能技术的发展,开始出现基于时序模型的方法、基于强化学习的方法以及基于视觉、空间特征的方法。

基于时序模型的方法主要以循环神经网络和长短期记忆网络为代表,是一种结点定向连接成环的人工神经网络模型,能够模拟动态时序行为,用于语句生成等序列生成任务。模型包括编码器和解码器,编码器用于将二维图像编码成一维向量的形式,解码器将一维向量解码为自然语言,比较有代表性的有 MRNN 网络。在此基础上,陆续又有研究人员提出了一系列的改进模型和方法。

图像的理解包括图像的处理、图像分析和图像理解,三者之间的关系如图 1-11 所示。

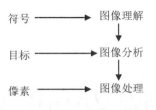

图 1-11　图像的理解

　　图像处理是用计算机对数字图像进行分析,以达到所需结果的技术。数字图像处理的元素为像素,称为灰度值。图像底层处理主要是改善图像的视觉效果或着在保持视觉效果的基础上减小数据量。图像分析是利用数学模型并结合图像处理技术分析底层特征或上层结构,从而提取相应的信息。图像中层分析主要对感兴趣的目标进行检测、提取和测量,提供描述图像目标特点的数据。图像理解属于数字图像处理的高层操作,在图像分析的基础上进一步研究图像中各自目标的性质及其相关关系,并得出对图像内容含义的理解以及原来客观场景的解释。图像理解所操作的对象是从描述中抽象出来的符号。这三层用到的技术包括神经网络、遗传算法、模糊逻辑等。

　　基于深度学习技术的图像理解的核心问题是图像分类、目标检测、语句生成以及图像标注,涉及的框架有卷积神经网络和递归神经网络(Recurrent neural network,RNN)。RNN具有内部状态,在其隐藏单元中保留了"状态矢量",隐式地包含了关于该序列的过去的输入信息。当 RNN 接受一个新的输入时,会把隐含的状态矢量同新的输入组合起来,生成依赖整个序列的输出,RNN 与 CNN 合作,形成对图像的更全面、准确的理解。一个重要的应用是首先通过卷积神经网络理解原始图像,并把它转换为语义的分布式表示,然后递归神经网络会把这种高级表示转换为自然语言。

　　图像理解能将图像从像素转化为符号描述,并将图像信息和文本信息进行转换。被广泛应用在人机对话、图文搜索、儿童教育、特殊人群教育生活服务等方面。

　　计算机视觉领域的图像处理技术不能简单地分割为单独的技术,在实际应用中,往往是多个应用的结合。

第2章 图像处理中的深度网络

2.1 深度神经网络发展

2.1.1 深度神经网络发展综述

深度学习的发展离不开神经网络的发展历程,在深度学习崛起之前,神经网络在曲折中前进,大致可以分为三个阶段。神经网络的第一次高潮可以追溯到感知机(Perceptron)。1957年,Frank Rosenblatt提出的一种最简单的前馈神经网络,输入为对象的特征向量,输出为对象类别,这种感知机模型实际是二元分类器,感知机是神经网络的雏形,也是支持向量机的基础,感知机对应输入的特征向量将实例划分成正负两类的分离超平面。感知机是生物神经细胞的简单抽象,神经细胞结构大致分为树突、突触、细胞体和轴突。单个神经细胞是一种只有两种状态的机器,一种为激活状态表达"是",另一种为未激活状态表达"否",其状态取决于输入信号和来自突触的抑制或加强,当运算的信号值超过了某个阈值时,细胞体就会激动,产生电脉冲。感知机的概念模拟神经细胞,激活函数相当于细胞体,权值相当于突触,偏置相当于阈值。

感知机则要求数据是线性可分的,如图2-1所示为二维空间的线性可分,是通过一条直线就数据完成分开。在 n 维空间的两个点集,则是找到一个超平面将两个点集完全分开。

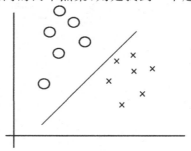

图 2-1 二维空间的线性可分

给定的数据集,如果存在某个超平面 S 能够将数据集的正实例点和负实例点正确地划分到超平面的两侧,对于所有的输入都能划分到大于 0 或者小于 0 的范围。

设数据集是线性可分的,则感知机学习的目标是求得一个能够将训练集完全分开的超平面,为了确定这个超平面模型,需要训练策略,获取模型参数,在训练过程中,需要极小化损失函数来评价模型。感知机的出现对神经网络的发展历史起了很大的促进作用,也被认为是真正能够使用的人工神经网络模型。这一段时期也给研究人员提供了大量的信息,出现了人工神经网络研究热潮。

人们将 1947 年至 1969 年称为第一代神经网络时代,此期间科学家提出了很多神经细胞模型和学习规则,能够对简单的形状进行分类。虽然这一时期的神经网络结构简单,模型清晰,计算量小,但是也因为结构缺陷制约了其发展,单层结构限制了网络的学习能力。人们逐渐意识到机器能实现类似于人类感觉、记忆、学习和识别的能力。

1969 年,Marvin Minsky(马文·明斯基)和 Seymur Papert(西蒙·派珀特)研究了感知机为代表的单层网络的功能和局限性,证明了感知机不能解决线性不可分问题,认为感知机的研究是失败的。

因此 20 世纪 70 年代,神经网络的研究进入了低潮阶段,从 70 年代直到 1986 年,这段时期被人们归纳为神经网络发展的第二阶段。1982 年,加州理工学院物理学家 Hopfield 教授提出一种单层反馈神经网络,称之为 Hopfield 网络。Hopfield 神经网络是一种单层全连接反馈型神经网络。根据选择的激励函数不同,分为连续型和离散型。每个神经元既是输入也是输出,每个神经元都将自己的输出通过连接权值传送给其他神经元,同时又接受所有其他神经元传递过来的信息。Hopfield 网络可以通过不完整的信息更新得到完整的信息。

离散型 Hopfield 网络结构图为无向连通图。以处理一张二值图片为例,存储图片需要多少个离散数据就用多少个节点,节点的值可以用 -1 和 1 来表示,节点可以用向量 $\boldsymbol{V}$ 表示,节点之间的权重用矩阵 $\boldsymbol{W}$ 表示,因为是无向图,则该矩阵为对称矩阵,节点 i 和 j 之间的权值 $\omega_{ij} = v_i v_j$,网络更新规则如下:

$$v_i = f(x_i)$$
$$v_i = 1 \, if \, x_i = \sum \omega_{ij} v_j > 0$$
$$v_i = -1 \, if \, x_i = \sum \omega_{ij} v_j < 0$$

Hopfield 神经网络按神经动力学的方式运行,工作过程为状态的演化过程,对于给定的初始状态,按照能量减小的方式演化,定义能量函数不断降低,当能量达到最小值时,网络更新达到稳定状态。

Hopfield 网络提出了网络稳定性的判断依据,从此,人们开始将多种不同的神经网络模型组合在一起,互相比较,得到性能较好的网络模型。

1974 年,Paul Werbos 提出了如何训练一般网络的学习算法,这就是最早的 BP(Back

Propagation algorithm)神经网络算法、反向传播算法,但是当时没有引起业界足够的注意。直到 1986 年,Hinton、David Rumelhart *Nature* 上发表了论文 *Learning Representations by Back-Propagatio Errors*,在这篇论文中详细地阐述了 BP 算法在人工神经网络中的应用。BP 神经网络通过在网络结构中增加"隐层"的方法解决了感知机的异或和分类难题,提高了运算速度。BP 神经网络被认为是深度学习的基石,掀起了人工神经网络研究领域第二次热潮。

1989 年,Yann LeCun 发表了论文 *Backpropagation applied to Handwritten zip code recognition*,应用了邮政系统提供的手写数字样本训练网络,正确率达到了 95%。这篇论文介绍的神经网络结构包括了输入层、卷积层、全连接层和输出层。卷积算法算法的提出为深度学习奠定了基础,卷积神经网络是当前深度学习中应用最广泛的神经网络。此后,BP 算法、卷积神经网络被探索应用在各种场景中。

然而浅层神经网络的缺陷也很快暴露出来,第一是远离输出层的参数很难被训练到;第二是浅层神经网络的通用逼近属性以呈几何级数增长的神经元为代价,因此是不现实的;第三是当时的数据样本小,计算资源不足,无法满足训练要求。神经网络的发展暂时又一次进入蛰伏阶段。

Bengio 和 Delalleau 认为追求更深的网络是自然的,因为人类神经系统就是一个深层次的结构,而且人类倾向于将一个抽象层次的概念表示为较低层次的概念组合。解决方案是建立更深的结构,这一方案的理论支撑是,要想达到一个具有多项式的 k 层神经网络的表达能力,如果使用 $k-1$ 层结构,则神经元的数量需要以指数级增长。可见深度学习中"深度"二字的重要性:这些年深度学习领域的前辈们的成果,无一不在重复"深度"的价值。

2006 年 Hinton 的文章 *A Fast Learning Algorithm for Deep Belif Nets* 将该领域的研究人员目光重新拉回人工神经网络。文章认为:多层神经网络结构具有较强的学习能力,其特征数据比原始数据更具有代表性,可以更好的进行分类和可视化的相关应用;深度神经网络可以采用逐层训练方法解决,将上层训练的结果作为下层训练过程中的初始化参数。深度置信网络(Deep Belief Network)模型的出现,深度学习才在数理基础上更依赖于经验性的结论总结。而早期的神经网络模型如 Boltzmann Machine(玻尔兹曼机)和 Restricted Boltzmann Machine(受限玻耳兹曼机)主要依赖于数学和物理理论。

该文章提出的模型训练方法可以有效解决 BP 神经网络发展的瓶颈,有利于神经网络技术进一步得到突破,从而实现深度学习算法。

而 Salakhutdinov 和 Hinton 于 2009 年提出的 Deep Boltzmann Machine(深度波尔茨曼机)在深度生成模型谱系里具有里程碑式的意义。

当前深度神经网络大致的框架如图 2-2 所示。

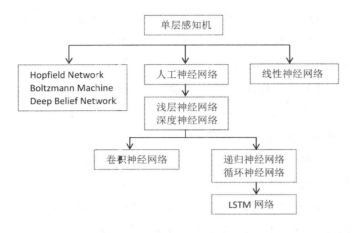

图 2-2 深度神经网络结构框架

深度学习算法根据不同领域不同应用表现的网络结构各不相同,结构模型中包含的常见组成有全连接结构、卷积网络和循环网络。全连接网络结构是最基本、最早出现的网络连接方式,早期用于对提取的特征进行分类,全连接层所有的输入与上一层所有输出相连,导致网络计算、存储空间消耗较大,大量参数冗余,现在全连接层一般只是卷积神经网络的组成部分,常用于最后的隐层与输出层之间的网络结构。

卷积网络结构适用于处理具有类似网格结构的数据,如数字图像数据。上层网络通过卷积核运算减少了传递给下层网络的参数,卷积神经网络一般都包含卷积层、池化层和全连接层。池化层可以对卷积层提取的信息作进一步的降维,减少计算量,还可以加强图像特征的不变性,增强鲁棒性。当前卷积神经网络应用十分广泛,在很多领域尤其是图像处理场景中取得了很好的效果。

循环神经网络也是常用的深度学习模型,一般适用于处理序列数据,如音频数据,在自然语言处理领域应用广泛。

深度神经网络之所以被称为深度是相对支撑向量机、最大熵方法等"浅层"网络方法而言的,在深度学习所训练得到的模型中,非线性操作的层级数更多,浅层学习依靠人工经验抽取样本特征,网络模型学习后获得的是没有层次结构的单层特征,而深度学习算法通过对原始信号进行逐层特征变换,将样本在原空间的特征表示变换到新的特征空间,自动地学习得到层次化的特征表示,从而更有利于分类或特征的可视化。

深度学习是机器学习中一种基于对数据进行表征学习的方法。观测值(例如一幅图像或视频)可以使用多种方式来表示,如每个像素强度值的向量,或者更抽象地表示成一系列边、特定形状的区域等。而使用某些特定的表示方法更容易从实例中学习任务(例如,人脸识别或面部表情识别)。

深度学习的"学习"体现在用非监督式或半监督式的特征学习和分层特征提取高效算法来替代手工获取特征。深度学习的"深度"体现在深度网络可以由多个非线性浅层网络叠加而成,由深度学习算法组成的复杂函数逼近模型称为深度神经网络。深度学习涉及相当广泛的机器学习技术和结构,根据这些结构和技术的应用,可以大致分为描述数据高阶特性或观测数据分类的生成性深度结构、提供对模式分类的区分性能力的区分性深度结构和混合型结构。其中属于区分性深度结构的卷积神经网络(CNN)是第一个真正成功训练多层网络结构的学习算法,受视觉系统结构的,当具有相同参数的神经元应用于前一层的不同位置时,一种变换不变性特征就可获取了。

深度学习强大的地方就是可以利用网络中间某一层的输出当作数据的另一种表达,从而可以将其认为是经过网络学习到的特征。基于该特征,可以进行进一步的相似度比较等。另外,深度学习算法能够有效的关键其实是大规模的数据,这是因为每个深度学习算法都有众多的参数,少量数据无法将参数训练充分而得到有效的模型。

一个神经网络模型到底包含多少层算"深"? 从广义上说,深度学习的网络结构也是多层神经网络的一种。传统意义上的多层神经网络是只有输入层、隐藏层、输出层。其中隐藏层的层数根据需要而定,没有明确的理论推导来说明到底多少层合适。而深度学习中最著名的卷积神经网络CNN,在原来多层神经网络的基础上,加入了特征学习部分,这部分是模仿人脑对信号处理上的分级的。多层神经网络做的步骤是:特征映射到值。特征是人工挑选。深度学习做的步骤是信号、特征到值,特征是由网络自己选择。

"概念层次结构允许计算机通过从简单的概念中构建复杂的概念,然后学习这些复杂的概念。如果我们绘制一个能够显示这些概念是如何相互叠加的图形,那么这个图形一定是具有深度的,且具有很多层。考虑到这一点,我们将这种方法称为 AI 深度学习。"所以深度学习的一个重要标准是模型是否使用分层特征学习,首先识别较低级别的特征,然后建立在它们之上以识别更高级别的特征,那么它就是一个深度学习模型。如果没有,无论模型层次多深,都不算真正的深度学习模型,而只能称之为多层神经网络。这就意味着具有上百层的全连接神经网络不算是深度学习模型,而具有卷积层的五层网络却可以称为深度学习模型。

一般来说,深度学习中的网络深度越大,其拟合能力越强,浅层网络能解决很多实际问题,但是由于其结构简单、层数较少,在拟合复杂问题时很难得到满意的效果。开发者通过不断增加网络结构的层数来获得更好的拟合效果,随着深度学习结构的优化,在某些场景下算法可以接近甚至超过人类的水平。

ImageNet 大赛的发展历程反映了网络深度与算法拟合能力的正相关性,ImageNet 大赛是全球范围内计算机视觉领域的顶级赛事。

2009 年,斯坦福大学的李飞飞、Jia Deng 等人在 CVPR(IEEE 国际计算机视觉与模式识别会议)2009 上发表了论文 *ImageNet:A Large-Scale Hierarchical Image Database*,李飞飞牵头创立了图像数据库 ImageNet,ImageNet 包括 1000 个子类,超过 120 万张图片,是一个非常庞大的图像数据库。

从 2010 年开始到 2017 年终结，每年举办一次 ImageNet 大赛，吸引全世界各国科研团队、企业参加。多年来 ImageNet 大赛产生了许多重要的模型，如著名的 AlexNet、ResNet、GoogleNet、VGG 等模型，这些模型在人工智能发展道路上具有里程碑式的意义。赛事的前两年，前几名的是手工设计特征、编码和 SVM 框架算法，但是错误率接近 1/3。

2012 年，Hinton 教授的研究生 Alex 开发出了 AlexNet 卷积神经网络，并由 5 个卷积层和 3 个全连接层组成。一举获得冠军，图片识别错误率为 15.3%，远远超过第 2 名的 26.2%，从此深度学习开始席卷整个机器学习世界。

2013 年，纽约大学模式 Matthew Zeiler 和 Rob Fergus 提出的 ZF Net 获得了冠军，ZF Net 使用了 8 层网络，在 AlexNet 的基层上对卷积核和步幅也作了修改，将错误率降到 11.7%，在机器学习领域，每降低一个点的错误率都非常困难。ZF Net 的成绩再次证明了深度学习的优势，自 2013 年以来几乎所有的参赛者都使用基于卷积神经网络的深度学习算法。

自 2014 年开始，网络加深的趋势变得更加明显。2014 年冠军的 GoogleNet 是一个 22 层的卷积神经网络，将错误率降低到 6.66%。

2015 年的冠军深度残差网络 ResNet 凭借 152 层网络将错误率降低至 3.57%，经过训练的人类的错误率为 5.1%，在一定程度上深度学习算法已经超过了人类。

2016 年和 2017 年的大赛中，中国的机构与公司表现优越，其中有海康威视、商汤科技等，2016 年的冠军是公安部三所的 Trimps Soushen，错误率低至 2.99%。2017 年，中国自动驾驶技术公司 Momenta 获得冠军，错误率为 2.25%。回顾整个 ImageNet 大赛，深度学习的网络层次从 8 层到 152 层一直逐步增加，网络计算能力越来越强，图像识别错误率一直减小。ImageNet 竞赛的水平超越了人类的识别水平，完成了它的历史使命，于 2017 年举办完最后一届后停止举办。

深度前馈网络（Deep Feedforward Network），也叫作前馈神经网络或者多层感知机（MLP），是典型的深度学习模型。前馈神经网络的目标是近似逼近某个函数 f'。例如：对于分类器，$y = f(x)$ 将输入 x 映射到一个类别 y。前馈网络定义了一个映射 $y = f(x:\theta)$，并且学习参数 θ 的值，使它能够得到最佳的函数近似。在前馈神经网络内部，参数从输入层向输出层单向传播，有异于递归神经网络，它的内部不会构成有向环。这种模型被称为前向的，是因为信息流过 x 的函数，流经用于定义 f' 的中间计算过程，最终到达输出 y。在模型的输出和模型本身之间没有反馈连接。当前馈神经网络被扩展成包含反馈连接时，就成了深度循环神经网络。前馈神经网络被称作网络是因为它们通常用许多不同函数复合在一起来表示。该模型与一个有向无环图相关联，而图描述了函数是如何复合在一起的。

如有 3 个函数 $f^1(x)$、$f^2(x)$、$f'(x)$，连接在一个网络上形成

$$g(x) = f^1(f^2(f^3(x)))$$

这样的链式结构是神经网络的常见结构，$f^3(x)$ 被称为网络的第一层，$f^2(x)$ 被称为网络第二层，$f^1(x)$ 是第三层，链的全长称为模型的深度，前馈网络的最后一层是输出层。

　　网络训练的目的是匹配 f' 的值,训练数据为我们提供了在不同训练点上取值的、含有噪声的 $f'(x)$ 的近似实例。每个样本 x 都伴随着一个标签 $y \approx f'(x)$。训练样本直接指明了输出层在每一点 x 上必须做什么,它必须产生一个接近 y 的值。但是训练数据并没有指明其他层应该怎么做。学习算法必须决定如何使用这些层来产生想要的输出,但是训练数据并没有说每个单独的层应该做什么。相反,学习算法必须决定如何使用这些层来最好地实现 f' 的近似。另外,训练数据并没有给出这些层中的每一层所需的输出,所以这些层被称为隐藏层。

　　概率论的万能近似定理表明,一个前馈神经网络如果具有线性输出层和至少一层具有任何一种"挤压"性质的激活函数(例如 logistic sigmoid 激活函数)的隐藏层,只要给予网络足够数量的隐藏单元,它可以以任意的精度来近似任何从一个有限维空间到另一个有限维空间的可测函数。

　　深度前馈神经网络加上反向链接形成了环就变成了深度循环神经网络(Recurrent Neural Network)。RNN 是在自然语言处理领域中最先被用起来的,循环的优势是可以给网络拓扑结构提供一个记忆。传统的神经网络假设:元素之间是相互独立的,输入与输出也是独立的,可以从 $x(i)$ 得到 $y(i)$。现实世界中,很多元素都是相互连接的,训练样本得到了来自之前的样本的一组输入的补充,则可以是 $[x(i-1),x(i)]$ 得到 $y(i)$,多层感知器的分类结构得到了保留,但该架构中的每个元素与其他每个元素之间都有一个加权的连接,并且还有一个与其自身的反馈连接。形成了循环网络,它的本质是像人一样拥有记忆能力,输出依赖于输入和记忆。循环神经网络的简单结构如图 2-3 所示。

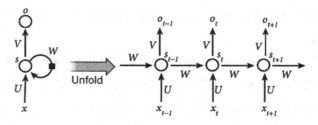

图 2-3　循环神经网络的简单结构

　　其中每个圆圈可以看作一个单元,而且每个单元做的事情也是一样的,因此可以折叠成左半图的样子。一个单元结构重复使用。

　　RNN 是一个序列到序列的模型,假设 $[x(t-1),x(t),x(t+1)]$ 是一个输入,$[o(t-1),o(t),o(t+1)]$ 是输出,$[s(t-1),s(t),s(t+1)]$ 表示记忆。前时刻的输出是由记忆和当前时刻的输入决定的,因此 RNN 的定义记忆为:

$$S_t = f(U * X_t + W * S_{t-1})$$

　　f 函数是神经网络中的激活函数,用来过滤信息。那么输出的预还要带一个权重矩阵 V,表示为公式:

$$C_t = \text{SOFTMAX}(\boldsymbol{V} S_t)$$

在人工智能算法上,商汤科技是我国国内领先的企业之一,他们打造了 1207 层神经网络,那么他们是如何看待深度学习的"深度"问题? 理论上来说,网络越深,表达能力越强,能处理的训练数据也更多,但是训练算法未必支持。

商汤科技 CEO 徐立表示,他们之前也疑虑"深度对识别准确率的提升有没有帮助?" 2016 年,商汤团队在 ImageNet 图片分类中做出性能最佳的 1207 层深度神经网络,是当时 ImageNet 上最深的一个网络。

2012 年,Hinton 团队在 ImageNet 首次使用深度学习完胜其他团队,当时神经网络层数只有个位数。

在 2014 年的时候,Google 做了 22 层成为冠军。

2015 年是来自微软的 ResNet 做到 152 层。

深度每次增加,其表达能力都有一个实质性的突破。但是商汤科技 CEO 徐立表示:实际应用时候所需的计算力成本并不高,最大的挑战还是构造一个大的结构和设计训练算法。如果层数再往上做,例如 2000 层、3000 层,会发现,现在这种架构叠加,并没有带来性能明显提升。这个时候,需要新的架构,在新的架构之上再做深,使得它能够处理更大量的数据集。

深度学习的发展和应用非常迅速,近几年,国内外的各大互联网公司都将人工智能最新技术应用于图像识别应用,推出相应的产品,比如人脸检测与识别、口罩检测、自动驾驶等都要用到图像识别。如今,深度学习模型在图像处理的精度、处理的速度、特征提取等技术都较为成熟,基于图像处理技术的人脸识别、以图搜图都得到了广泛的应用,无人驾驶技术也备受关注,2020 年,在长沙高新区已经可以通过百度地图打到无人驾驶出租车。为我们的未来提供了无限可能。

2.1.2　深度神经网络优化

深度学习算法优化可以定义为求解代价函数梯度为零的正规方程。我们可以替换独立于其他组件的大多数组件,因此我们能得到很多不同的算法。通常代价函数至少含有一项使学习过程进行统计估计的成分。最常见的代价函数是负对数似然、最小化代价函数导致的最大似然估计。代价函数也可能含有附加项,如正则化项。组合模型、代价和优化算法来构建学习算法的配方同时适用于监督学习和无监督学习。但有时候,我们不能实际计算代价函数。在这种情况下,只要有近似其梯度的方法,那么我们仍然可以使用迭代数值优化近似最小化目标。

1. 正则化

深度学习领域中,大多数模型容量大,如果没有合适的正则化,很难得到比较好的结果。从广义上看,任何减小模型泛化误差或者说过拟合的方法都可统称为正则化,一些常用的正则化策略包括范数惩罚，数据集增强，多任务学习，Early Stopping，稀疏表示等。在深度学习领域，大多数正则化策略都会对估计进行正则化，估计的正则化以偏差的增加换取方差的减少。一个有效的正则化是有利的权衡，能显著减少方差而不过度增加偏差。在实践中，过于复杂的模型族不一定包括目标函数或真实数据生成过程，甚至也不包括近似过程。真实数据的生成是我们所不知道的，大多数情况下真实数据的生成不同于模型数据的生成，深度学习的算法大多数应用都是面对这种情况，所以深度学习算法通常应用于较为复杂的领域，如图像、音频和文本。

解决这些模型的多拟合泛化误差问题方法，一是尽量减少选取变量的数量。人工检查每一个变量，并以此来确定哪些变量更为重要，然后，保留那些更为重要的特征变量。显然这种做法需要对问题足够了解，需要专业经验或先验知识。因此，决定哪些变量应该留下不是一件容易的事情。此外，当你舍弃一部分特征变量时，你也舍弃了问题中的一些信息。例如，也许所有的特征变量对于预测房价都是有用的，我们实际上并不想舍弃一些信息或者说舍弃这些特征变量。最好的做法是采取某种约束可以自动选择重要的特征变量，自动舍弃不需要的特征变量。

二是正则化，采用正则化方法会自动削弱不重要的特征变量，自动从许多的特征变量中提取重要的特征变量，减小特征变量的数量级。这个方法非常有效，当我们有很多特征变量时，其中每一个变量都能对预测产生一点影响。比如做房价预测，我们可以有很多特征变量，其中每一个变量都是有用的，因此我们不希望把它们删掉，这就使得正则化可以发挥作用。因此，控制模型的复杂度并不是单指以找到合适规模的模型为目标，而是需求正则化的大型深度模型制造出拟合模型，才可以进行有效控制。

正则化的功能，一是防止过拟合，二是正则化项的引入其实是利用了先验知识，体现了人对问题的解的认知程度或者对解的估计。许多正则化方法通过对目标函数 J 添加一个参数范数 $\tilde{\theta}$，限制网络模型的学习能力，正则化后的目标函数记为 $\tilde{J}$：

$$\tilde{J} = (\theta; x, y) = J(\theta; x, y) + \alpha \tilde{\theta}$$

α 是权衡范数惩罚项和目标函数相对贡献的超参数，取值范围是 $(0, \infty)$，0 表示没有正则化，取值越大，对应正则化惩罚越大，正则化则对函数值起到支配性的作用。

当训练算法进行了正则化的最小化后得出目标函数 f' 时，它会降低原始目标函数关于训练数据的误差并减小在某些衡量标准下的参数 θ 的规模，选择不同的参数范围会偏向不同的解。在神经网络中，参数包括每一层映射变换的权重和偏置，通常只对权重做正则化而不对偏置正则化。精确拟合偏置所需的数据通常比拟合权重少得多。每个权重会指定两个变量如何相互作用，需要在各种条件下观察这两个变量才能良好地拟合权重。

规范化 $\alpha \tilde{\theta}$ 函数的方法很多，一般是模型复杂度的单调递增函数，模型越复杂，规则化值就越大，修改最小化参变量，使得模型在训练集的误差不是太小；规则化函数系数越大，规则化函数比重加大，此时，结构风险误差值更取决于规则化值，模型越复杂，其误差值越大。

规则化项可以是模型参数向量的范数。然而,不同的选择对参数 W 的约束不同,取得的效果也不同,但我们在论文中常见的都聚集在:零范数、一范数、二范数、Frobenius 范数、核范数等。数学上,范数是一个向量空间或矩阵上所有向量的长度和大小的求和。简单一点,我们可以说范数越大,矩阵或者向量就越大。

L_0 范数是指向量中非 0 的元素的个数。如果我们用 L_0 范数来规则化一个参数矩阵 W 的话,就是希望 W 的大部分元素都是 0,让参数 W 是稀疏的。而实际应用中都用 L_1 实现稀疏矩阵,因为 L_0 范数很难优化求解。

L_1 范数是指向量中各个元素绝对值之和,也称为"稀疏规则算子(Lasso regularization)"。L_1 是零范数的最优凸近似,更容易求最优解,任何的规则化算子,如果它在 $W_i = 0$ 的地方不可微,并且可以分解为一个"求和"的形式,那么这个规则化算子就可以实现稀疏。

W 的 L_1 范数是绝对值,$|W|$ 在 $W=0$ 处是不可微的。则 L_1 正则化使得 $\alpha \tilde{\partial} = \|W\|_1$,则 L_1 正则化的目标函数:

$$J(W;x,y) = L(W;x,y) + \alpha \|W\|_1$$

目的是求使目标函数最小值的 w^*,上式对 w 求导可得:

$$\nabla_w J(w;x,y) = \nabla_w L(w;x,y) + \alpha \operatorname{sign}(w)$$

若 $w > 0$,则 $\operatorname{sign}(w) = 1$;

若 $w < 0$,则 $\operatorname{sign}(w) = -1$;

若 $w = 0$,则 $\alpha = 0$。

最终推导的 L_1 正则化目标函数可以表达为公式:

$$J(w;x,y) = L(w^*;x,y) + \sum_i \left[\frac{1}{2} H_{i,i} (w_i - w_i^*)^2 + \alpha_i |w_i| \right]$$

L_1 正则化项更适合作稀疏化,即得到更少的 W 为非零的解。所以从数学表达式上看,L_1 优化的角度是各个参数的绝对值之和。

除了 L_1 范数,还有一种更受"宠幸"的规则化范数是 L_2 范数,在回归里面,有称为"岭回归"(Ridge Regression),或者"权值衰减 weight decay"。设模型多项式为:

$$H_8 : W_0 + W_1 X^1 + W_2 X^2 + \cdots + W_8 X^8$$

该模型很好地拟合了数据,但是如果实际模型并没有那么复杂,这个在训练数据上表现很好的结果有可能因为特征过多,样本较少时就容易出现过拟合状态,那么可以令 $W_3 = W_4 = \cdots = W_8 = 0$,多项式模型就变成二次多项式。设 $J(W)$ 为损失函数,则:

$H_2 = \{\min J(w), s.t. W_3 = W_4 = \cdots = W_8 = 0\}$ 或则更为灵活的表达式:

$H_C = \{\min J(w), s.t. \sum_{q=0}^{10} [W_q \neq 0] \leqslant C\}$ 只要有 C 个不为零的项。在这个例子里,如果 C 是 8,则没有正则化。L2 范数符合高斯分布,是完全可微的。和 L1 相比,图像上的棱角被圆滑了很多。一般最优值不会在坐标轴上出现。在最小化正则项时,可以是参数不断趋向于 0,最后活的很小的参数。从学习理论的角度来说,L2 范数可以防止过拟合,提升模型的泛化能力。

在某些情况下,为了正确定义机器学习问题,正则化是必要的。机器学习中许多线性模型,包括线性回归和 PCA(Principal Component Analysis,主成分分析),都依赖于矩阵 $X^\mathrm{T} X$ 求逆,只有 $X^\mathrm{T} X$ 是奇异的,这些方法就会失效。当数据生成分布在一些方向上确实没有差异时,或因为例子较少(相对输入特征的维数来说),而在一些方向上没有观察到方差时,这个矩阵就是奇异的。在这种情况下,正则化的许多形式对应求逆 $X^\mathrm{T} X + \alpha I$,这个正则化矩阵可以保证是可逆的。相关矩阵可逆时,这些线性问题就有闭式解。没有闭式解的问题也可能是欠定的。大多数形式的正则化能保证应用于欠定问题的迭代方法收敛。使用正则化解决欠定问题的想法不局限于深度学习,同样的想法在几个基本线性代数问题中也非常有用。

让机器学习模型泛化的更好办法是使用更多的数据进行训练。一种办法是创建假数据并添加到训练集中。对分类任务来说这种方法是最简单的,分类器需要一个复杂的高维输入 x,并用单个类别标识 y 概率 x。然而这种方法对于其他许多任务来说不容易操作,比如密度估计问题。但是对于图像处理任务来说,图像是高维的包含各种巨大的变化因素,其中与许多可以轻易地模仿,即使模型已经使用了卷积或者池化操作多部分平移保持不变,沿训练图像每个方向平移几个像素的操作通常可以大大改善泛化,因此数据集增强对一个图像的分类任务来说是特别有效的方法,例如对象识别。人工设计的数据集增强方案可以大大减少深度学习技术的泛化误差。普适操作(如向输入添加高斯噪声)被认为是深度学习算法的一部分,而特定于一个应用领域(如随机地裁剪图像)的操作被认为是独立的预处理步骤。

对某些模型而言,向输入添加方差极小的噪声等价于对权重施加范数惩罚。

在一般情况下,注入噪声远比简单地收缩参数强大,特别是噪声被添加到隐藏单元时会更加强大。另一种正则化模型的噪声使用方式是将其加到权重,这项技术主要用于循环神经网络,这可以被解释为关于权重的贝叶斯推断的随机实现。贝叶斯学习过程将权重视为不确定的,并且可以通过概率分布表示这种不确定性。向权重添加早上是反映这种不确定性的一种实用的随机方法。在某些假设下,施加于权重的噪声可以被解释为与更传统的正则化形式等同,鼓励要学习的函数保持稳定。对于小的学习率,最小化带权重噪声的 J 等同于最小化附加正则化项,推动模型进入对权重小的变化相对不敏感的区域,找到的点不只是极小点,还有由平坦区域所包围的极小点。

大多数数据集的 y 标签都有一定错误。错误的 y 不利于最大化 $\log P(y \mid x)$,避免这种情况的一种方法是显式地对标签上的噪声进行建模。小常数 δ,训练集标记 y 是正确的概率是 $1 - \delta$,任何其他可能的标签也可能是正确的。

标签平滑通过把确切分类目标从 0 和 1 替换成 $\dfrac{\delta}{k-1}$ 和 $1 - \delta$,正则化具有 k 个输出的 softmax 函数的模型。标准交叉熵损失可以用在这些非确切目标的输出上。使用 softmax

函数和明确目标的最大似然学习可能永远不会收敛，softmax 函数就永远无法真正预测 0 概率或 1 概率，因此会继续学习越来越大的权重，使预测更极端。使用如权重衰减等其他正则化策略能够防止这种情况。标签平滑的优势是能够防止模型追求确切概率而不影响模型学习正确分类。

在半监督学习框架下，$P(x)$ 产生的未标记样本和 $P(x, y)$ 中的标记样本都用于估计 $P(y|x)$ 或者根据 x 预测 y。在深度学习的背景下，半监督学习通常指的是学习一个模型表示 $y = f(x)$，学习表示的目的似乎使用相同类中的样本有类似的表示。无监督学习可以为如何在表示空间聚集样本提供有用的参考。在输入空间紧密聚集的样本应该被映射到类似的表示。在许多情况下，新空间上的线性分类器可以达到较好的泛化。这种方法的一个经典变种是使用主成分分析作为分类前（在投影后的数据上分类）的预处理步骤。我们可以构建一个模型，比如生成模型 $P(x, y)$ 与判别模型 $P(y|x)$ 共享参数，而不用分离无监督和监督部分。权衡监督模型准则 $-\log P(y|x)$ 和生成模型准则 $-\log P(x, y)$。生成模型准则表达了对监督学习问题解的特殊形式的先验知识，即 $P(x)$ 的结构通过某种共享参数的方式连接到 $P(y|x)$。通过控制在总准则中的生成准则，我们可以获得比纯上次或纯判别训练准则更好的权衡。

当训练有足够的表示能力甚至会过拟合的大模型时，经常会观察到，训练误差会随着时间的推移逐渐降低，但验证集上的误差会再次上升。这意味着我们只要返回使验证集误差最低的参数设置，就可以获得验证集误差更低的模型（并因此有希望获得更好的测试误差）。这种策略称为提前终止策略，因为其的简单性和有效性，这也是深度学习中较为流行的正则化形式。提前终止自动选择超参数的代价是训练期间要定期评估验证集。在理想情况下，这可以并行在与主训练过程分离的机器上，或独立的 CPU、GPU 上完成。如果没有这些额外的资源，可以使用比训练集更小的验证集或较不频繁地评估验证集来减小评估代价，较粗略地估算取得最佳的训练时间。另一个提前终止的额外代价是需要保持最佳的参数副本。这种代价一般是可忽略的，由于最佳参数的写入很少发生，而且从不在训练过程中读取，这些偶发的慢写入对总训练时间的影响不大。提前终止是一种非常不显眼的正则化形式，它几乎不需要改变基本训练过程、目标函数或一组允许的参数值。这意味着，无须破坏学习动态就能很容易地使用提前终止，相对与权重衰减，必须小心不能使用太多的权重衰减，以防网络陷入不良局部极小点。提前终止可单独使用或与其他的正则化策略结合使用。即使为鼓励更好泛化，使用正则化策略改进目标函数，在训练目标的局部极小点达到最好泛化也是非常罕见的。提前终止需要验证集，这意味着某些训练数据不能被馈送到模型。为了更好地利用这额外的数据，可以在完成提前终止的首次训练之后，进行额外的训练。在第二轮，即额外训练的训练步骤中，所有的训练算法都被包括在内。

有两个基本的策略都可以用于第二轮训练过程。

一个策略是在此初始化模型，然后使用所有数据再次训练，在这个第二轮训练过程中。

我们使用第一轮提前终止训练确定的最佳步数。此过程有一些细微之处,我们没有办法知道重新训练时,对参数进行相同次数的更新和对数据集进行相同次数的遍历哪一个更好。由于训练集变大了,第二轮训练时,每一个遍历数据集将会更多次地更新参数。

另一个策略是保持从第一轮训练获得的参数,然后使用全部的数据继续训练。在这个阶段,已经没有验证集指导应该训练多少步之后终止,取而代之,可以监控验证集的平均损失函数,并继续训练,指导它低于提前终止过程终止时的目标值,避免了重新训练模型的高成本,但表现并没有那么好。例如验证集的目标不一定能达到之前的目标值,所以这种策略甚至不能保证终止。提前终止对减少训练过程的计算成本也是有用的。除了由于限制训练的迭代次数而明显减少的计算成本,还带来了正则化的益处(不需要添加惩罚项的代价函数或计算这种附加项的梯度)。

提前终止可以将优化过程的参数空间限制在初始参数值的小领域内,想象学习率 $\in$ 进行 τ 个优化步骤,可以将 $\in \tau$ 作为有效容量的度量。假设梯度有界,限制迭代的次数和学习速率能够限制参数到达参数空间的大小。在这个意义上,$\in \tau$ 的效果就好像是权重衰减的稀疏系数的导数。在二次误差的简单线性模型和简单梯度下降的情况下,提前终止相当于 L2 正则化。在大曲率(目标函数)方向上的参数值受正则化影响小于小曲率方向。当前在提前终止的情况下,这实际上意味着在大曲率方向的参数比较小曲率方向的参数更早地学习到。长度为 τ 的轨迹结束 于 L2 正则化目标的极小点。提前终止通常涉及键控验证集误差,以便在空间较好的地方终止轨迹,因此提前终止比权重衰减更具有优势,能正确自动确定正则化的正确量,而权重衰减需要进行多个不同超参数值的训练实验。

正则化一个模型的参数,使其接近另一个无监督模式下训练的模型的参数。构造这种架构使得分类模型中的许多参数能与无监督模型中的对应参数匹配。参数范数惩罚是正则化参数使其批次接近的而一种方式。更流行的方法是使用约束,强迫某些参数相等,由于我们将各种模型或模型组件解释为共享一组参数,这种正则化方法通常被称为参数共享。和正则化参数使其接近(通过范数惩罚)相比,参数共享的优点是:只有参数的自子集需要被存储在内存中。最广泛应用的参数共享出现在应用于计算机视觉的卷积神经网络中。参数共享显著降低了 CNN 模型的参数数量,并显著提高了网络的大小而不需要相应地增加训练数据。它仍然是将领域知识有效地整合到网络架构的最佳范例之一。

权重衰减的另一种策略是惩罚神经网络中的激活单元,稀疏化激活单元,间接地对模型参数施加复杂惩罚,表示正则化可以使用参数正则化中同种类型的极值实现。

Bootstrap Aggregating(Bagging)是通过结合几个模型降低泛化误差的技术,主要想法是分别训练几个不同的模型,然后让所有模型表决测试样例的输出。这是机器学习中常规策略的一个例子,被称为模型平均。采用这种策略的技术被称为集成方法。模型平均奏效的原因是不同的模型通常不会再测试集上产生完全相同的误差。

集成平方误差的期望会随着集成规模的增大而线性减小。平均水平上,集成至少与它的任何成员表现得一样好,并且如果成员误差是独立的,集成将显著地比其他成员表现得更好。

神经网络能够找到足够多不同的解,意味着它们可以从模型平均中受益(即使所有模型都在同一数据集上训练)。神经网络中随机初始化的差异、小批量的随机选择、超参数的差异或不同输出的非确定性实现往往足以使得集成中的不同成员具有部分独立的误差。

Dropout 是一类通用并且计算简洁的正则化方法,在 2014 年被提出后广泛地使用。简单地说,Dropout 在训练过程中,随机的丢弃一部分输入,此时丢弃部分对应的参数不会更新。相当于 Dropout 是一个集成方法,将所有子网络结果进行合并,通过随机丢弃输入可以得到各种子网络。Dropout 训练与 Bagging 训练不一样,在 Bagging 情况下,所有模型都是独立的,在 Dropout 情况下,所有共享参数,其中每个模型集成父神经网络参数的不同子集。参数共享使得在有限可用的内存下表示指数级数量的模型变得可能。在 Bagging 情况下,每一个模型在其相应训练集上训练到收敛,而 Dropout 通常大部分模型都没有显式地被训练,因为通常父神经网络会很大,取而代之是在单个步骤中训练一小部分子网络,参数共享会使得剩余的子网络也能有很好的参数设定,除此之外,它们的算法是一样的。

计算方便是 Dropout 的一个大优点,训练过程中使用 Dropout 产生 n 个随机二进制与状态相乘,每个样本每次更新只需 O(n) 的存储空间来持续保存这些二进制数直到反向传播阶段。使用训练好的模型推断时,计算每个样本的代价与不使用 Dropout 是一样的,尽管我们必须在开始运行推断前将权重除以 2。Dropout 的另一个显著优点是不怎么限制适用的模型或训练过程。几乎在所有使用分布式表示且可以用随机梯度下降训练的模型上都表现很好,包括前馈神经网络、概率模型以及循环神经网络,许多其他效果差不多的正则化策略对模型结果的限制更严格。虽然 Dropout 在特定模型上每一步的代价是微不足道的,但在一个完整的系统上使用 Dropout 的代价可能非常显著。因为 Dropout 是一个正则化技术,它减少了模型的有效容量。为了抵消这种影响,必须增大模型规模,使用 Dropout 使最佳验证集的误差会低和诺,这是以更大的模型和更多训练算法的迭代次数为代价换来的。对于非常大的数据集,正则化带来的泛化误差减少的效果不明显。这时候使用 Dropout 和大型模型的计算代价可能超过正则化带来的好处。

使用 Dropout 训练时的随机性是近似所有子模型综合的一个方法,导出近似这种边缘分布的解析解,这样的近似称为快速 Dropout,减小梯度计算中的随机性而获得更快的收敛速度,能够比权重比例推断规则更合理地近似有所子网络的平均,快速 Dropout 在小神经网络上的性能几乎与标准的 Dropout 相当。Dropout 启发了其他以随机方法训练指数量级的共享权重的集成,DropConnect 是 Dropout 的一个特殊情况,其中一个标量权重和单个隐藏单元状态之间的每个乘积被认为是可以丢弃的一个单元。随机池化是构造卷积神经网络集成的一种随机池化的形式,其中每个卷积网络参与每个特征图的不同空间位置。目前为止,Dropout 仍然是最广泛使用的隐式集成方法。

Dropout 强大的大部分是由于施加到隐藏单元的掩码噪声,这可以看作是对输入内容的信息高度智能化、自适应破坏的一种形式,而不是对输入原始值的破坏。传统的噪声注入技术,在输入端加非结构化的噪声不能够随机地从脸部图像中抹去关于鼻子的信息,除非噪声幅度大到几乎能抹去图像中所有的信息。破坏提取的特征而不是原始值,让破坏过程充分利用,该模型迄今获得的关于输入分布的所有知识。

Dropout 的另一个重要方面是噪声是乘性的。如果是固定规模的加性噪声,那么加了噪声 $\in$ 的整流线性隐藏单元可以简单地学会使模型变得很大(使增加的噪声 $\in$ 变得不显著)。乘性噪声不允许这样病态地解决噪声鲁棒性问题。

许多情况下,神经网络在独立同分布的测试集上进行评估已经达到了人类表现,那么这些模型在真正的任务上是否获得了真正的人类层次的理解,为了探索这一问题,比如错误分类的模型,在精度达到人类水平的神经网络上通过优化过程故意构造数据点,误差接近 100%。这些误差点和真实数据非常相近。人类直接观察可能不会发现原始样本和这些认为的对抗样本之间的差异。

对抗样本由 Christian Szegedy 等人提出,是指在数据集中通过故意添加细微的干扰所形成的输入样本,导致模型以高置信度给出一个错误的输出。在正则化背景下,通过对抗训练减少原有独立同分布的测试集的错误率,但是网络会作出不同的预测。对抗样本在很多领域有很多影响。对抗训练有助于体现积极正则化与大型函数族结合的力量,纯粹的线性模型如逻辑回归,由于它们被限制为线性而无法抵抗对抗样本。神经网络能够将函数从接近线性转化为局部近似恒定,从而可以灵活地捕获到训练数据中的线性趋势同时学习抵抗局部扰动。

对抗样本也是提供了一种实现半监督学习的方法。在与数据集中的标签不相关联的点 x 处,模型本身为其分配一些标签 $\hat{y}$,模型的标记 $\hat{y}$ 未必是真正的标签,但如果模型是高品质的,那么 $\hat{y}$ 提供正确标签的可能性很大。我们可以搜索一个对抗样本 x',导致分类器输出一个标签 y',且 $y' \neq \hat{y}$。不使用真正的标签,而是由训练好的模型提供标签产生的对抗样本被称为虚拟对抗样本。可以训练分类器为 x 和 x' 分配相同的标签,鼓励分类器学习一个沿着未标签数据所在流形上任意微小变化都很鲁棒的函数。不同的类通常位于分离的流形上,并且小扰动不会使数据点从一个类的流形跳到另一个类的流型上。

一个利用流形假设的早期尝试是切面距离算法,它是一种非参数的最近邻算法,其中使用的度量不是通用的欧几里得距离,而是根据邻近流形关于聚集概率的知识导出。该算法假设需要分类的样本和同一流形上的样本具有相同的类别。由于分类器应该对局部因素的变化保持不变,一种合理的度量是将点 x_1 和 x_2 各自所在流形 M_1 和 M_2 的距离作为点 x_1 和 x_2 之间的最近邻距离,然而这在计算上是困难的,所以通过一种局部合理的计算方法替代,使用 x_i 点处切平面近似 M_i,并测量两条切平面或一个切平面和点之间的距离。这可以通过求解一个低维度系统来实现。因此在这一思路基础上,正切传播算法训练带有额外惩罚的神经网络分类器,使神经网络的每个输出 $f(x)$ 对已知的变化因素是局部不变的。这些变化因素对应于沿着相同样本聚集的流形的移动,实现局部不变性的方法是要求 $\nabla_x f(x)$ 与已知流形的切向 $x^{(i)}$ 正交,或者等价于通过正则化惩罚使 f 在 x 的 $v^{(i)}$ 方向的导数较小。

正切传播也和反向传播以及对抗网络有关联,双反向传播正则化使矩阵偏小,而对抗训练找到原输入附近的点,训练模型在这些点上产生与原来输入相同的输出。流形正切分类器无须知道切线向量的先验。自编器可以估算流行切向量,这种技术可以避免用户指定切向量,这些估计的且向量不仅对图形经典几何变换保持不变,还必须掌握对特定对象保持不变的因素。因此流形正切分类器的算法归纳为:使用自编码器通过无监督学习来学习流形的结构,如正切传播一样使用这些切面正则化神经网络分类器。

2.模型的优化

深度学习算法在许多情况下设计优化,在诸多优化问题中,最难的是神经网络训练,在神经网络训练中,几百台机器投入几天到几个月来解决网络训练问题也是很常见的。因此优化问题就很重要,好的优化可以大大减小网络的训练规模。代价函数通常包括整个训练集上的性能评估和额外的正则化项,模型的优化可以从降低代价函数和代价函数的参数 θ 着手。

优化通常是一个极其困难的任务,传统的机器学习会小心设计目标函数和约束,以确保优化问题是凸的,从而避免一般优化问题的复杂度,在训练神经网络时,肯定会遇到函数非凸的情况。在优化凸函数时,会遇到一些挑战,这其中最突出的是 Hessian 的矩阵 H 的病态,这是数值优化、凸优化和其他形式优化中普遍存在的问题。病态优化一般存在于神经网络训练过程中,病态体现在随梯度下降会卡在某些情况产生瓶颈,此时即使很小的更新都会增加代价函数。凸优化问题可以简化为寻找一个局部极小点的问题,任何一个局部绩效点都是全局最小点。有些凸函数的底部是一个平坦的区域,而不是单一的全局最小点,该平坦区域中的任意点都是一个可以接受的解。优化一个凸问题,若发现了任何形式的临界点,都可以判断找到了一个不错的可行解。对于非凸函数,如果神经网络,有可能会存在多个局部极小值,事实上,几乎所有的深度模型基本上都会有非常多的局部极小值,这并不会带来太大的问题。由于模型可辨识性问题,神经网络和任意具有多个等效参数化潜变量的模型都会具有多个局部极小值。如果一个足够大的训练集可以唯一确定一组模型参数,那么该模型被称为可辨认的。带有潜变量的模型通常是不可辨认的,因为通过相互交换潜变量,我们能得到等价的模型。比如交换神经网络中两个权重相同的单元可以得到等价的模型,这种不可辨认性被称为权重空间的对称性。除了权重空间对称性,很多神经网络还有其他导致不可辨认的原因。这些模型可辨识性问题意味着,神经网络代价函数具有非常多甚至不可数无限多的局部极小值。然而,所有这些由于不可辨识性问题而产生的局部极小值都有相同的代价函数值。因此,这些局部极小值并非是非凸所带来的问题。如果局部极小值相比全局最小点拥有很大代价,局部极小值会带来很大隐患。一种能够排除局部极小值是主要问题的检测方法,是画出梯度范数随时间的变化。如果梯度范数没有缩小到一个微小的值,那么该问题既不是局部极小值,也不是其他形式的临界点。

对于很多高维非凸函数而言,局部极小值(以及极大值)事实上都远少于另一类梯度为 0 的点,鞍点。鞍点附近的某些点比鞍点具有更大的代价,而其他点则有更小的代价。在鞍点处。Hessian 矩阵同时具有正负特征值。位于正特征值对应的特征向量方向的点比鞍点有更大的代价,反之,位于负特征值对应的特征向量方向有更小的代价。可以将鞍点视为代价函数某个横截面上的局部极小点,同时也可以视为代价函数某个横截面上的局部极大点。

多类随机函数表现出以下性质:低维空间中,局部极小值很普通。在更高维空间中,局部极小值很罕见,而鞍点很常见。对于这类函数 $f:R^n \to R$ 而言,鞍点和局部极小值的数目比率的期望随 n 指数级而增长。很多随机函数一个惊人的性质是,当我们到达代价较低的区间是 Hessian 矩阵的特征值为正的可能性更大。不具非线性的浅层自编码器只有全局极小值和鞍点,没有代价比全局极小值更大的局部极小值。实的神经网络也存在包含很多高代价鞍点的损失函数。鞍点激增对训练算法来说有哪些影响呢?对于只使用梯度信息的一阶优化算法而言,目前情况还不清楚,鞍点附近的梯度通常会非常小。另一方面,实验中梯度下降似乎可以在许多情况下逃离鞍点。对于牛顿法而言,鞍点显然是一个问题。梯度下降旨在朝下坡移动,而非明确寻求临界点。而牛顿法的目标是寻求梯度为零的点,如果没有适当的修改,牛顿法就会跳进一个鞍点。高维空间中鞍点的激增或许解释了在神经网络训练中为什么二阶方法无法成功取代梯度下降。二阶优化的无鞍牛顿法,与传统算法相比有明显的改进。

除了极小值和鞍点,还存在其他梯度为零的点。例如从优化的角度看与鞍点很相似的极大值,许多算法不会被吸引到极大值。除了未经修改的牛顿法,和极小值一样,许多种类的随机函数的极大值在高维空间中也是指数稀少。也可能存在恒值的、宽且平坦的区域。在这些区域中,梯度和 Hessian 矩阵都是 0。这种退化的情形是所有数值优化算法的主要问题。在凸问题中,一个宽而平坦的区间肯定包含全局极小值,但是对于一般的优化问题而言,这样的区域可能会对应着目标函数中一个较高的值。

多层神经网络通常存在像悬崖一样的斜率较大的区域,这是由于几个较大的权重相乘导致的,遇到斜率较大的悬崖结构时,梯度更新会很大程度地改变参数值,完全跳过这类悬崖问题。

高维度非线性的深度神经网络的目标函数通常包含由几个参数连乘而导致的参数空间中尖锐的非线性。这些非新兴在某些区域会产生非常大的导数。当参数接近这样的悬崖时,不管是从上还是从下接近悬崖,梯度下降更新可以使参数弹射得非常远,可能会使大量已完成的优化工作成为无用功(图 2-4)。

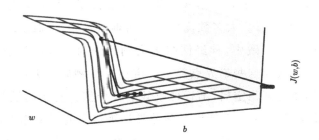

图 2-4　高纬度非线性深度神经网络目标函数

　　这就有了启发式梯度截断来避免严重的后果，基本思路源自梯度并没有指明最佳步长，只说明了在无限小区域内的最佳方向。当传统的梯度下降算法需要更新一大步时，启发式梯度截断会减小步长，从而使其不太可能走出梯度近似为最陡下降方向的悬崖区或。悬崖结构在循环神经网络的代价函数中很常见，因为这类模型会设计多个因子的相乘，其中每个因子对应一个时间步长，长期时间序列会产生大量相乘。

　　当计算图变得极深时，神经网络优化算法面临的另一个难题是长期依赖问题，由于变深的结构使模型丧失了学习到先前信息的能力，让优化变得极其困难。深层的计算图不仅存在于前馈网络，还存在于循环网络中。因为循环网络要在很长时间序列的各个时刻重复应用相同操作来构建非常深的计算图，并且参数共享，使得问题更加凸显。假设某个计算图中包含一条反复与矩阵 W 相乘的路径，那么 t 部之后，相当于乘以 w^t，假设 w 有特征值分解 $w = V\text{diag}(\lambda)V^{-1}$，在这种简单的情况下，容易看出：

$$w^t = (V\text{diag}(\lambda)V^{-1})^t = V\text{diag}(\lambda)^t V^{-1}$$

当特征值 λ_i 不在 1 附近时，若在量级上大于 1，梯度互爆炸，小于 1 梯度会消失。

　　梯度消失与爆炸问题是指该计算图上的梯度也会因为 t 次对角矩阵而变化。梯度消失使得我们难以指导参数朝哪个方向移动能够改进代价函数，而梯度爆炸会使得学习不稳定。之前描述的促使我们使用梯度截断的悬崖结构辨识梯度爆炸现象的一个例子。循环网络在各时间步上使用相同的矩阵 W，而前馈网络没有，所以使用深度的前馈网络，也能很大程度上有效避免梯度小时与梯度爆炸问题。

　　大多数优化算法的先决条件都是我们知道精确的梯度或是 Hessian 矩阵。在实践中，通常这些量会有噪声，甚至是有偏估十。几乎每一个深度学习算法都需要基于采样的估计，至少使用训练样本的小批量来计算梯度。其他情况下，我们希望最小化的目标函数实际上是难以处理的。当目标函数不可解时，通常它的梯度也是难以处理。在这种情况下，只能近似梯度。这些问题主要出现在一些高级模型中。例如，对比散度是用来近似玻尔兹曼机中难以处理的对数似然梯度的一种技术。各种神经网络优化算法的设计都考虑到了梯度估计的缺陷，我们可以选择比真实损失函数更容易估计的代理损失函数来避免这个问题。

　　大部分训练运行时间取决于到达解决方案的轨迹长度。学习轨迹将花费大量的时间探寻一个围绕山形结构的宽弧。大多数优化研究的难点集中于训练是否找到全局最小点、局部极小点或是鞍点,但在实践中,神经网络不会到达任何一种临界点。神经网络通常不会到达梯度很小的区域,甚至这些临界点都不一定存在。例如损失函数可以没有全局最小点,而是当随着训练模型逐渐稳定后,渐近地收敛于某个值。对于离散的 y 和 softmax 分布 $p(y \mid x)$ 的分类器而言,若整个模型能够正确分类训练器上的每个样本,则负对数似然可以无限趋近不会等于零。同样地,如果 $f(\theta)$ 能够正确预测所有训练集中的目标 y,学习算法会无限制地增加 β,实值模型 $p(y \mid x) = N(y; f(\theta), \beta^{-1})$ 的负对数似然会趋向于负无穷大。梯度下降和基本上所有的可以有效训练神经网络的学习算法,都是基于局部较小更新。在实践中,为神经网络设计的任何优化算法都有性能限制但不影响应用。

　　随机梯度下降伪代码(图 2-5):

Choose an initial vector of parameters W and learning rateα

Randomly shuffle example in the training set

Repeat until an approximate minimum is obtained

for i=1,2,$\cdots$,n,do

$\omega: = \omega - \alpha \nabla Q_i(\omega)$

图 2-5　随机梯下降伪代码

　　有些优化算法本质上是非迭代的,只是求解一个点。而有些其他优化算法本质上是迭代的,应用这类优化问题时,能在可接受的时间内收敛到可接受的解,并且收敛值与初始值无关。深度学习的模型通常是迭代的,因此要求使用者制定一些开始迭代的初始点。另外,深度学习模型又是一个很复杂的问题,以至于大部分算法的结果收到初始值的影响。初始点能决定算法是否收敛,有些初始点十分不稳定,使得算法会遭遇数值困难,并完全失败。在收敛的情形下,初始点可以决定学习收敛的有多快,以及是否收敛到一个代价高或者低的点。另外,差不多代价的点可以导致区别极大的泛化误差,初始点可以影响泛化。

　　深度学习和神经网络的初始化策略是简单和启发式的,改进初始化是一项困难的任务。神经网络的优化到目前都没有被很好地理解。有些初始化策略在神经网络初始化时具有很好的效果,然而我们并没有理解哪些性质可以在初始化之后得以保持。进一步,有些初始化从优化的观点是有利的,但是从泛化的角度看是不利的。目前完全确信的唯一特性是初始参数需要在不同的单元之间"破坏对称性"。比如,如果具有相同激活函数的两个隐藏单元连接到相同的输入,那么这些单元必须具有不同的初始化参数。如果他们具有相同的参数,那么应用到确定性损失和模型的确定性学习算法之上时将会一直以相同的方式更新这 2 个单元。通常来说,最好还是初始化每个单元使其和其他单元计算不同的函数,这或许有助于确保没有输入模式丢失在前向传播的零空间中,也没有梯度丢失在反向传播的零空间中。每个单元计算不同的函数的目标促使了参数的随机初始化。

通常情况下,可以为每个单位的偏置设置启发式挑选的常数,仅随机初始化权重,额外的参数通常和偏置一样设置为启发式选择的常数。很多情况下,总是初始化模型的权重为高斯或均匀分布中随机抽取的值。高斯或均匀分布的过程的而结果和网络泛化能力有很大的影响。

更大的初始权重就具有更强的破坏对称性的作用。有助于避免冗余的单元,也有助于避免在每层线性成分的前向或反向传播中丢失信号。如果权值初始太大,那么会在前向传播或反向传播中产生爆炸的值。在循环网络中,很大权重还可能导致对于输入中很小的扰动非常敏感而对确定性前向传播过程表现随机的混沌现象。

对于如何初始化,正则化和优化的思路不同,优化观点建议权重应该足够大以保证成功传播信息,但是正则化希望权重要小一点。随机梯度下降,这类对权重较小的增量更新趋向于停止在更靠近初始参数的区域的优化算法,倾向于最终参数应该接近于初始参数。在某些模型上,提前终止的梯度下降等价于权重衰减。在一般情况下,提前终止的梯度下降和权重衰减不同,但是提供了一个宽松的类比去考虑初始化的影响。有些启发式方法可用于选择权重的大小。一种初始化 m 个输入和 n 个输出的全连接层的权重的启发式方式是从分布 $U(-\frac{1}{\sqrt{m}},\frac{1}{\sqrt{m}})$ 中采样权重,其标准初始化形式是:

$$U(-\sqrt{\frac{6}{m+n}},\sqrt{\frac{6}{m+n}})$$

这种标准化形式初始化所有的层,折衷于使其具有相同激活方差和使其具有相同你那个梯度方差时间。这假设网络是不含非线性的链式矩阵乘法,现实的网络虽然做不到这一点,但是很多设计的线性模型的策略在其非线性对应中的效果也不错。

稀疏初始化策略是每个单元初始化恰好有 k 个非零权重,这种思路保持单元输入的总数量独立于输入数目 m,而不使单一权重元素的大小随 m 缩小。稀疏初始化有助于实现单元之间的初始化时更具多样性。但是获得较大取值的权重也同时被加入了很强的先验。

在资源充足的情况下,也可以将每层权重的初始数值范围设为超参数,可以使用超参数搜索算法,如随机搜索,挑选这些数据范围。是否选择使用密集或稀疏初始化也可以设为一个超参数。也可以手动搜索最优初始化范围,一个较好的经验是观测打个小批量数据上的激活或梯度的幅度或标准差。如果权重太小,那么当激活值在小批量上前向传播于网络时,激活值的幅度会缩小。通过重复识别具有小得不可接受的激活值的第一层,并提高其权重,最终有可能得到一个初始激活全部合理的网络。

其他参数的初始化通常更容易些,不过设置偏置的方法必须与设置权重的方法协调。

学习速率对神经网络的性能有着显著的影响,损失通常高度敏感于参数空间的某些方向,而对其他因素不敏感。如果假设方向敏感度在某种程度是轴对齐的,那么给每个参数设置不同的学习率,在模型学习训练过程中自动适应这些学习率是可行的。下面介绍几种基于小批量来自适应模型参数的学习率的算法。

AdaGrad 算法独立地适应所有模型参数的学习率,缩放每个参数反比于其所有梯度历史平方值总和的平方根。具有损失最大偏置的参数相应地由一个快速下降的学习率,而具有小偏导的参数在学习率上有相对较小的下降。净效果是在参数空间中更为平缓的倾斜方向会取得更大的进步。

AdaGrad 算法描述:

Require:全局学习率 ε

Require:初始参数 θ

Require:小常数 δ,为了数值稳定大约设为 10^{-7}

初始化梯度累积变量 r=0

while 满足条件　 do

从训练集中采包含 m 个样本 $\{x^1,\cdots,x^m\}$ 的小批量,对应目标 y^i

计算梯度:$g \leftarrow \dfrac{1}{m} \nabla_\theta \sum L(f(x^i;\theta),y^i)$

累积平方梯度:$r \leftarrow r+g\odot g$

计算更新:$\Delta_\theta \leftarrow -\dfrac{\varepsilon}{\delta+\sqrt{r}}\odot g$　　　//⊙为同或运算

应用更新:$\theta \leftarrow \theta+\Delta\theta$

end　 while

RMSProp 算法是修改 AdaGrad 算法以在非凸设定下效果更好,改变梯度积累是为了指数加权的移动平均。AdaGrad 旨在应用于凸问题时快速收敛。当应用于非凸函数训练神经网络时,学习轨迹可能穿过很多不同的结构,最终达到一个局部是凸的区域。AdaGrad 算法根据平方梯度的整个历史收缩学习率,可能使得学习率到达这样的凸结构前就变得太小了。所以 RMSProp 算法的框架基本与 AdaGrad 相同,唯一不同的是在累积平方梯度:$r \leftarrow \rho r+(1-\rho)gg$,RMSProp 是已经得到证明的一种有效使用的神经网络优化算法。

Adam 是一种可以替代传统随机梯度下降过程的一阶优化算法,它能基于训练数据迭代地更新神经网络权重。Adam 最开始是由 OpenAI 的 Diederik Kingma 和多伦多大学的 Jimmy Ba 在提交到 2015 年 ICLR 论文中提出的。Adam 的名字来源于适应性矩阵估计(adaptive moment estimation)。Adam 算法同时获得了 AdaGrad 和 RMSProp 算法的优点。Adam 不仅如 RMSProp 算法那样基于一阶矩均值计算适应性参数学习率,它同时还充分利用了梯度的二阶矩均值(即有偏方差/uncentered variance)。具体来说,算法计算了梯度的指数移动均值(exponential moving average),超参数 ρ_1 和 ρ_2 控制了这些移动均值的衰减率。移动均值的初始值和 ρ_1、ρ_2 值接近于推荐值,因此矩估计的偏差接近于 0。该偏差通过首先计算带偏差的估计而后计算偏差修正后的估计而得到提升。

Adam 算法描述：

Require：步长 a 建议默认值为 0.001

Require：矩估计的指数衰减速度，ρ_1 和 ρ_2 在区间 $[0,1)$ 内。建议默认为 0.9 和 0.999

Require：用于数值稳定的小常数 δ，建议默认为 10^{-8}

Require：初始参数 θ

初始化一阶和二阶变量 s=0 ，　r=0

初始化时间步 t=0

while 满足条件　do

从训练集中采包含 m 个样本 $\{x^1,\cdots,x^m\}$ 的小批量，对应目标 y^i

计算梯度：$g \leftarrow \dfrac{1}{m}\nabla_\theta\sum L(f(x^i;\theta),y^i)$

$t \leftarrow t+1$

更新有偏一阶矩估计：$s \leftarrow \rho_1 s+(1-\rho_1)g$

更新有偏二阶矩估计：$r \leftarrow \rho_2 r+(1-\rho_2)gg$

修正一阶矩的偏差：$\hat{s} \leftarrow \dfrac{s}{1-\rho_1^t}$

修正二阶矩的偏差：$\hat{r} \leftarrow \dfrac{r}{1-\rho_2^t}$

计算更新：$\nabla_\theta \leftarrow -\in \dfrac{\hat{s}}{\delta+\sqrt{r}}$

应用更新：$\theta \leftarrow \theta+\Delta\theta$

end　while

通过自适应每个模型参数的学习率以解决优化深度模型中的难题，但是目前对如何选择算法没有特定统一的意见。最流行使用率高的优化算法包括 SGD、具有东南的 SGD、RMSProp、Adam 等。

2.2　深度卷积神经网络

2.2.1　卷积运算

深度学习网络如果都用全连接层，那么对计算机性能的要求是惊人的。假设将一张分辨率为 1000×1000 的灰度图像作为全连接层的输入层，则对于全连接网络，大约有 $10^6\times10^6=1T$ 个参数，一个参数如果以 int 型 4 个字节的方式存储，则一个全连接层就需要不小于 4T 的内存,如果是多层次的网络结构呢? 因此全连接网络对计算机的性能要求、计算量都是巨大的。对于图像处理,可以利用图像的某些模式或特点,简化每一层的计算过程,卷积运算就是基于这个的思维。通过卷积运算,减小输入参数的大小,简化隐层的计算规模。

从数学角度看,卷积(Convolution)是一种运算,卷积是通过 2 个函数 $f(x)$ 和 $g(x)$ 生成第 3 个函数的一种数学算子,与傅里叶变换有着密切联系。表征函数 $f(x)$ 和 $g(x)$ 经过翻转和平移的重叠部分的面积。将参加卷积的一个函数看作区间的指示函数,卷积可以被看作是"滑动平均"的推广。卷积的定义:

在给定 $(-\infty, +\infty)$ 上的函数 $f_1(t)$ 与 $f_2(t)$,称由含参变量 t 的广义积分所确定的函数 $g(t) = \int_{-\infty}^{+\infty} f_1(\tau) f_2(t-\tau) d\tau$ 为函数 $f_1(t)$ 与 $f_2(t)$ 的卷积,记为:

$$g(t) = f_1(t) * f_2(t)$$

卷积的物理意义是加权叠加,对于线性时不变系统,如果知道系统的单位响应,那么将单位相应和输入信号求卷积,就相当于把输入信号的各个时间点的单位响应加权叠加得到了输出信号。

卷积其实就是为冲击函数诞生的。"冲击函数"是狄拉克为了解决一些瞬间作用的物理现象而提出的符号。假设在 t 时间内对一物体作用 f 的力,倘若作用时间 t 很小,作用力 f 很大,但让 f 和 t 的乘积不变,于是在用 t 做横坐标、F 做纵坐标的坐标系中,就如同一个面积不变的长方形,底边被挤得窄窄的,高度被挤得高高的,在数学中它可以被挤到无限高,但即使它无限瘦、无限高、但它仍然保持面积不变。为了证实它的存在,可以对它进行积分,积分就是求面积嘛! 就形成了"卷积"这个概念的来源。信号处理是将一个信号空间映射到另外一个信号空间,信号的能量就是函数的范数,根据能量守恒定理就是说映射前后范数不变,在数学中就叫保范映射,实际上信号处理中的变换基本都是保范映射。信号处理中如何出现卷积的。假设 A 是一个系统,其 t 时刻的输入为 $x(t)$,输出为 $y(t)$,系统的响应函数为 $h(t)$,

系统的输出不仅与系统在 t 时刻的响应有关,还与它在 t 时刻之前的响应有关。不过系统有个衰减过程,所以 τ 时刻的输入对输出的影响通常可以表示为 $x(t)h(t-\tau)$,这个过程可能是离散的,也可能是连续的,所以 t 时刻的输出应该为 t 时刻之前系统响应函数在各个时刻响应的叠加,这就是卷积。这个过程可能是离散的,也可能是连续的,所以 t 时刻的输出应该为 t 时刻之前系统响应函数在各个时刻响应的叠加,这就是卷积,用数学公式表示就是:

$$y(t) = \int_{-\infty}^{+\infty} x(\tau) h(t-\tau) d\tau$$

离散情况下就是级数: $y(t) = \sum_{-\infty}^{\infty} x(\tau) h(t-\tau)$

对数学来说,卷积就是定义两个函数的一种乘法,或者是一种反映两个序列或函数之间的运算方法。对离散序列来说,就是两个多项式的乘法。物理意义就是冲激响应的线性叠加,所谓冲激响应可以看作是一个函数,另一个函数按冲激信号正交展开。在现实中,卷积代表的是将一种信号搬移到另一频率中,比如调制,这是频率卷。在物理上,卷积可代表某种系统对某个物理量或输入的调制或污染。

运用卷积网络基于图像的两个特征,一是平移不变模式,可以提取图像的一种局部特征方法,并用这种局部特征来遍历整张图片,这一操作用卷积实现。二是下采样被检测物体的不变模式,因此在神经网络逐层累加的过程中,可以直接对图像进行缩放,图像缩放后不影响图像特征提取,这一操作用池化层实现。

卷积运算主要通过三个重要思想来帮助改进机器学习系统:稀疏交互、参数共享和等变表示。另外卷积提供了一种处理大小可变的输入方法。传统的神经网络使用矩阵乘法来建立输入与输出的连接关系。其中参数矩阵中每一个单独的参数都描述了一个输入单元与一个输出单元间的交互。这意味着每一个输出单元与每一个输入单元都产生交互。然而,卷积网络具有稀疏交互(稀疏连接、稀疏权)的特征。这使核的大小远小于输入的大小来达到的。例如当处理一张图像时,输入的图像可能包含成千上万个像素点,但是我们可以通过只占用几十到上百个像素点的核来检测一些小的有意义的特征,例如图像的边缘。这意味着我们需要存储的参数更少,不仅减少了模型的存储需求,而且提高了它的统计效率。这也意味着为了得到输出只需要更少的计算量。这些效率上的提高往往是很显著的。如果有 m 个输入和 n 个输出,那么矩阵乘法需要 $m \times n$ 个参数并且相应算法的时间复杂度为 $O(m \times n)$(对于每一个例子)。如果我们限制每一个输出拥有的连接数为 k,那么稀疏的连接方法只需要 $k \times n$ 个参数以及 $O(k \times n)$ 的运行时间。在很多实际应用中,只需保持 k 比 m 小几个数量级,就能在机器学习的任务中取得好的表现。在深度卷积网络中,处在网络深层的单元可能与绝大部分输入是间接交互的,这允许网络可以通过只描述稀疏交互来高效地描述多个变量的复杂交互。

参数共享是指在同一个模型的多个函数中使用相同的参数,在传统的神经网络中,当计算一层的输出时,权重矩阵的每一个元素只使用一次,当它乘以输入的一个元素后就再也不会用到了。作为参数共享的同义词,我们可以说一个网络含有绑定的权重,因为用于一个输入的权重也会被绑定在其他的权重上。在卷积神经网络中,核的每一个元素都作用在输入的每一位置上。卷积运算中的参数共享保证了只需要学习一个参数集合,而不是对于每一位置都需要学习一个单独的参数集合。这虽然没有改变前向传播的运行时间(仍然是 $O(k \times n)$),但它显著地把模型的存储需求降低至 k 个参数,并且 k 通常要比 m 小很多个数量级。因为 m 和 n 通常有着大致相同的大小,k 在实际中相对于 $m \times n$ 是很小的。因此,卷积在存储需求和统计效率方面极大地优于稠密矩阵的乘法运算。

对于卷积,参数共享的特殊形式使得神经网络层具有对平移等变的性质。如果一个函数满足输出,随着输入改变这一性质,那么这个函数是等变的。特别地,如果函数 $f(x)$ 与

$g(x)$ 满足 $f(g(x)) = g(f(x))$，我们就说 $f(x)$ 对于变换 g 具有等变性。对于卷积来说，如果令 g 是输入的任意平移函数，那么卷积函数对于 g 具有等变性。

举个例子，令 f 表示图像在整数坐标上的亮度函数，g 表示图像函数的变换函数（把一个图像函数映射到另一个图像函数的函数）使得 $f' = g(f)$，其中图像函数 f' 满足 $f'(x, y) = f'(x - 1, y)$。这个函数把 f 中的每个像素向右移动一个单位。如果我们先对 f 进行这种变换然后进行卷积操作所得到的结果，与先对 f 进行卷积然后再对输出使用平移函数 g 得到的结果是一样的。当处理时间序列数据时，这意味着通过卷积可以得到一个由输入中出现不同特征的时刻所组成的时间轴。如果我们把输入中的一个事件向后延时，在输出中仍然会有完全相同的表示，只是时间延后了。图像与之类似，卷积产生了一个二维映射来表明某些特征在输入中出现的位置。如果我们移动输入中的对象，它的表示也在输出中移动同样的量。当处理多个输入位置时，一些作用在邻居像素的函数是很有用的。例如在处理图像时，在卷积网络的第一层进行图像的边缘检测是很有用的。相同的边缘或多或少地散落在图像的各处，所以应当对整个图像进行参数共享。但在某些情况下，我们并不希望对整幅图进行参数共享。在处理已经通过剪裁而使其居中的人脸图像时，我们可能想要提取不同位置上的不同特征。卷积对其他的一些变换并不是天然等变的，例如对于图像的放缩或者旋转变换，需要其他的一些机制来处理这些变换。最后，一些不能被传统的由（固定大小的）矩阵乘法定义的神经网络处理的特殊数据，可能通过卷积神经网络来处理。

卷积网络中一个典型层包含三级。在第一级中，这一层并行地计算多个卷积产生一组线性激活响应。在第二级中，每一个线性激活响应将会通过一个非线性的激活函数，例如整流线性激活函数。这一级有时也被称为探测级（detector stage）。在第三级中，我们使用池化函数（pooling function）来进一步调整这一层的输出。

因此卷积网络应用于图像处理的一般框架，如图 2-6 所示。

图 2-6　卷积网络应用于图像处理结构框架

池化函数使用某一位置的相邻输出的总体统计特征来代替网络在该位置的输出。最大池化（max pooling）函数给出相邻矩形区域内的最大值。其他常用的池化函数包括相邻矩形区域内的平均值、L_2 范数以及基于数据中心像素距离的加权平均函数。不管采用什么样的池化函数，当输入做出少量平移时，池化能够帮助输入的表示近似不变。对于平移的不变性是指当我们对输入进行少量平移时，经过池化函数后的大多数输出并不会发生改变。局部平移不变性是一个很有用的性质，尤其是当我们关心某个特征是否出现而不关心它出现的具体位置时。例如,当判定一张图像中是否包含人脸时,我们并不需要知道眼睛的精确像素位置,我们只需要知道有一只眼睛在脸的左边,有一只在右边就行了。但在一些其他领域,保存特征的具体位置却很重要。例如当我们想要寻找一个由两条边相交而成的拐角时,我们就需要很好地保存边的位置来判定它们是否相交。

使用池化可以看作是增加了一个无限强的先验:假设这一层学得的函数必须具有对少量平移的不变性,池化可以极大地提高网络的统计效率。因为池化综合了全部领域的反馈,这使得池化单元少于探测单元成为可能,我们可以通过综合池化区域的 k 个像素的统计特征而不是单个像素来实现。一些理论工作对于在不同情况下应当使用哪种池化函数给出了一些指导。将特征一起动态地池化也是可行的,例如,对于感兴趣特征的位置进行聚类算法。这种方法对于每幅图像产生一个不同的池化区域集合。另一种方法是先学习一个单独的池化结构,再应用到全部的图像中。

卷积与池化被作为一种无限强的先验。先验中概率密度的集中程度决定了先验是强或者弱,弱先验具有较高的熵值,比如方差较大的高斯分布,这样的先验允许数据对于参数的改变具有或多或少的自由性。强先验具有较低的熵值,方差较小的高斯分布决定了参数最终取值时起着更积极的作用。一个无限强的先验需要对一些参数的概率置零并且完全禁止对这些参数赋值,无论数据对于这些参数的值给出了多大的影响。如果把卷积网络比作全连接网络,但对于这个全连接网络的权重有一个无限强的先验。这个无限强的先验是指一个隐藏单元的权重必须与它相邻分支的权重相同,但可以在空间上移动。这个先验要求除了那些处在隐藏单元的消控价连续的接受域内的权重以外,其余的权重都为零。总之,我们可以把卷积的使用当作对网络中一层的参数引入了一个无限强的先验概率分布。使用池化是一个无限强的先验,每一个单元都具有对少量平移的不变性。

卷积和池化也可能导致欠拟合,卷积和池化只有当先验的假设合理且正确才有用。如果一项任务依赖于保存精确的空间信息,那么在所有的特征上使用池化将会增大训练误差。一些卷积网络结构为了既获得较高不变性的特征,往往又获得当平移不变性不合理时不会导致欠拟合的特征,被设计成在一些通道上使用池化而在另一些通道上不使用。当一项任务设计要对输入中相隔较远的信息进行合并时,那么卷积所利用的先验可能就不正确了。当我们比较卷积模型的统计学习表现时,只能以基准中的其他模型作为比较对象,其他不使用卷积的模型即使把图像中的所有像素点都置换后依然有可能进行学习。

卷积神经网络可以用于输出高维的结构化对象,而不仅仅是预测分类任务的类标签或回归任务的实数值。通常这个对象只是一个张量,由标准卷积层产生。例如:模型可以产生张量 S,其中 $S_{i,j,k}$ 是网络的输入像素属于类 i 的概率。这允许模型标记图像中的每个像素,并绘制沿着单个对象轮廓的精确掩模。

有时候输出平面可能比输入平面要小。对于图像中单个对象分类的常用结构中,网络空间的维数最大减少来源于使用大步幅的池化层。为了产生于输入大小相似的输出映射,可以避免把池化放在一起。另一种策略是单纯地产生一张低分辨率的标签网格。最后原则上可以使用具有单位步幅的池化操作。对图像逐个像素标记的一种策略是先产生图像标签原始猜测，然后使用相邻像素之间的交互来修正该原始猜测。重复这个修正步骤数次对应于在每一层使用相同的卷积，该卷积在深层网络的最后几层之间共享权重。这使得在层之间共享参数的连续的卷积层所执行的一系列运算，形成了一种特殊的循环神经网络。

卷积网络使用的数据通常包含多个通道，每个通道是时间上或空间中某一点的不同观测量。比如彩色图像数据：其中一个通道包含红色像素，另一个包含绿色像素，最后一个包含蓝色像素。在图像的水平轴和竖直轴上移动卷积核，赋予了两个方向上平移等变形。卷积网络的一个优点是它们还可以处理具有可变的空间尺度的输入。这些类型的输入不能用传统的基于矩阵乘法的神经网络来表示。这为卷积网络的使用提供了令人信服的理由，即使当计算开销和过拟合都不是主要问题时。

卷积网络训练中最重要的部分是学习特征。输出层的计算代价通常相对不高，因为在通过若干层池化之后作为该层输入的特征数量较少。当使用梯度下降执行监督训练时，每步梯度计算需要完整地运行整个网络的前向传播和反向传播算法。减少卷积网络训练成本的一种方式是使用那些不是监督方式训练得到的特征。有 3 种基本策略可以不通过监督训练而得到卷积核。其中一种是简单地随机初始化它们。另一种是手动设计它们，例如设置每个核在一个特定的方向或尺度来检测边缘。最后，可以使用无监督的标准来学习和。随机过滤器经常在卷积网络中表现得出乎意料的好。由卷积核随后池化组成的层，当赋予随机权重时，自然地变得具有频率选择性和平移不变性。一个中间方法是学习特征，但是使用那种不需要在每个梯度计算步骤中都进行完整的前向和反向传播的方法。

卷积网络为我们提供了相对于多层感知机更进一步采用预训练策略的机会。并非一次训练整个卷积层，可以训练一小块模型。然后，我们可以用来自这个小块模型的参数来定义卷积层的核。这意味着使用无监督学习来训练卷积网络并且在训练过程中完全不使用卷积是可能的。这意味着我们可以训练非常大的模型，并且只在推断期间产生高计算成本。

卷积网络的应用通常需要包含超过百万个单元的网络，利用并行计算的强大资源来实现很关键，在很多情况下，选择适当的卷积算法来加速卷积。卷积等效于使用傅里叶变换将输入与核都转换到频域，执行两个信号的逐点相乘再使用傅里叶逆变换转换回时域。在处理某些问题时，这种算法可能比卷积实现起来效率更高。

卷积运算广泛应用于图像处理，主要功能是数据处理中的平滑处理和展宽效应。图像处理中的卷积运算其实质是矩阵的卷积运算，用一个卷积核（矩阵）和一幅图像矩阵进行卷积，对于图像上的一个点，让模板的原点和该点重合，然后模板上的点和图像上对应的点相乘，然后各点的积相加，就得到了该点的卷积值。对图像上的每个点都这样处理。由于大多数模板都是对称的，所以模板不旋转。卷积是一种积分运算，用来求两个曲线重叠区域面积。可以看作加权求和,可以用来消除噪声、特征增强。把一个点的像素值用它周围的点的像素值的加权平均代替,这样矩阵的卷积就转化为矩阵的乘法运算,所以卷积是一种线性运算,这也是为什么矩阵运算是深度学习的核心所在。在图像处理中应用卷积时,卷积层通过卷积核与图像的运算,卷积核参数可学习,一个典型的卷积核大小是 $5 \times 5 \times 3$,它是一个浮点值矩阵,宽度和高度为 5 像素,通道为 3,在正向传播时,卷积核与输入数据在宽度和高度上以一定的步长进行卷积滑动操作,计算整个卷积核与当前覆盖的数据区的内积,当卷积核滑过整个图片时,生成一个二维特征图(Feature Map),每个颜色通道都会有一个特征图谱,特征图显示了卷积核在图像每个空间位置上的响应,卷积核的通道数与输入数据体的通道数保持一致。在很大程度上,定义卷积核是构建卷积神经网络的重要部分,通过改变卷积核,使得卷积核对特定的特征有高的激活值,从而识别特定的特征,以达到网络不同应用的目的。

卷积网络在深度学习的历史中发挥了重要作用。它们是将研究大脑获得深刻理解成功用于机器学习应用的关键例子,是首批出现的良好的深度模型之一。卷积网络是第一批使用反向传播有效训练的深度网络之一,卷积网络也是第一个解决重要商业应用的神经网络,并且仍然处于深度学习商业应用的技术前沿。

2.2.2　深度卷积神经网络

人工智能研究掌门人 Yann LeCun 等人利用人工神经网络算法设计并训练了卷积神经网络(CNN)。CNN 作为深度学习框架是基于最小化预处理数据要求而产生的,它靠共享时域权值降低复杂度,利用空间关系减少参数数目以提高一般前向人工神经网络训练的一种拓扑结构,并在多个实验中获取了较好性能。在 CNNs 中被称作局部感受区域的图像的一小部分作为分层结构的最底层输入。信息通过不同的网络层次进行传递,因此在每一层能够获取对平移等变换的观测数据的显著特征。卷积神经网络中起核心作用的是卷积核,比如做一个简单的方向滤波,定义一个二维卷积核,这个卷积核是一个处理模板可以处理出一副新的图像。原来的卷积核是人工定义的,而深度卷积神经网络的思想是卷积核是自己学习出的特征,以及特征的层层表示。深度卷积神经网络的优势在于:一方面它的神经元间的连接是非全连接的,另一方面同一层中某些神经元之间的连接的权重是共享的。它的非全连接和权值共享的网络结构使之更类似于生物神经网络,降低了网络模型的复杂度(对于很难学习的深层结构来说,这是非常重要的),减少了权值的数量。

所以,卷积神经网络属于神经网络的范畴,已经在诸如图像识别和分类的领域证明了其高效的能力,成了众多科学领域的研究热点之一。卷积神经网络可以成功识别人脸、物体和交通信号,从而为机器人和自动驾驶汽车提供视力。特别是在模式分类领域,由于该网络避免了对图像的复杂前期预处理,可以直接输入原始图像,因而得到更为广泛的应用。

在图像处理技术中,机器会把图像打碎成像素矩阵,存储每个表示位置像素的颜色码。每个图像都是一系列特定排序的像素组成的矩阵表达,如果改变矩阵中的值,就改变了像素的顺序或则颜色,图像也随之改变。设下图为图像的红色通道表示,0 为最浅的白色,255 最深的红色(表 2-1)。

表 2-1　像素矩阵

1	2	223	1
2	196	220	3
1	3	222	2
3	7	210	1
5	9	218	4
8	219	220	190

为了更好地理解这个图像,我们可能需要对这个矩阵作一些处理,比如使用一个权重 5 乘以所有的初始化值,使得颜色的对比更加清晰,或者对矩阵进行变换使得矩阵模型变小而保留了基本特征,最终我们得到了一张新的特征图像。

在卷积网络中,我们需要三个基本元素:卷积层、池化层和输出层。在卷积层中,我们定义一个权值矩阵,用来提取图像特征,如表 2-2 所示为 6×6 的图像像素矩阵。

表 2-2　图像像素矩阵

18	54	51	239	244	188
55	121	75	78	95	88
35	24	204	113	109	221
3	154	104	235	25	130
15	253	225	159	78	233
68	85	180	114	245	0

再定义一个 3×3 的权重矩阵,也就是卷积核(表 2-3):

表 2-3　权重矩阵

1	0	1
0	1	0
1	0	1

卷积核与像素矩阵进行矩阵乘法运算,得到一个新的特征图形,如运算规则定义为:用卷积核与像素矩阵左上角对齐,取相同大小的矩阵作乘法运算后得到一个值为新的特征矩阵的第一个值,之后平滑卷积核一列,再次做矩阵相乘运算,指导卷积核的右侧与像素矩阵右侧重叠,之后下移一行重复计算,如此将得到一个 4×4 的新特征矩阵(表 2-4)。

表 2-4　新特征矩阵

429	505	686	856
261	792	412	640
633	653	851	751
608	913	713	657

在这里,卷积核在图像里的作用像一个从原始图像矩阵中提取特定信息的过滤器。一个权值组合可能用来提取边缘信息,另一个可能是用来提取一个特定颜色,下一个就可能就是对不需要的噪点进行模糊化,所以卷积核也可以称之为过滤器。当我们有多个卷积层的时候,初始层往往提取较多的一般特征,随着网络结构变得更深,权值矩阵提取的特征越来越复杂,并且越来越适用。卷积平滑一次移动的间隔称为步长,我们可以设置不同的步长参数调整特征矩阵的规格,也可以用周围填充的方式保持图像的规格。卷积核的纵深维度和输入图像的纵深维度是相同的。卷积核会延伸到输入图像的整个深度。因此,和一个单一权值矩阵进行卷积会产生一个单一纵深维度的卷积化输出。大多数情况下都不使用单一过滤器,而是应用维度相同的多个过滤器。每一个过滤器的输出被堆叠在一起,形成卷积图像的纵深维度。假设我们有一个 $32\times32\times3$ 的输入。我们使用 $5\times5\times3$ 规格的 10 个过滤器,输出的维度将会是 $28\times28\times10$。卷积层的输出是激活图。

卷积层之后是池化层,池化是所有的卷积网络都会用到的操作,通常神经网络中用到的卷积运算和其他领域中的定义并不完全一致。有时图像太大,需要减少训练参数的数量,则在随后的卷积层之间周期性地引进池化层。池化层的功能是减少图像的空间大小,减小计算量,每个特征图是单独池化的。池化在每一个纵深维度上独自完成,因此图像的纵深保持不变。像素矩阵池化后图像不变,但是参数减少,如上面的 4×4 矩阵池化后变为 2×2 的最大池化(表 2-5):

表 2-5　像素矩阵池化层

792	856
913	851

在多层卷积和填充后,我们需要以类的形式输出。卷积和池化层只会提取特征,并减少原始图像带来的参数。然而,为了生成最终的输出,我们需要应用全连接层来生成一个等于我们需要的类的数量的输出。仅仅依靠卷积层是难以达到这个要求的。卷积层可以生成 3D 激活图,而我们只需要图像是否属于一个特定的类这样的内容。输出层具有类似分类交叉熵的损失函数,用于计算预测误差。一旦前向传播完成,反向传播就会开始更新权重与偏差,以减少误差和损失。

因此,整个过程可以归纳如下:

（1）输入图像传递到第一个卷积层中，卷积后以激活图形式输出。图片在卷积层中过滤后的特征会被输出，并传递下去。

（2）每个过滤器都会给出不同的特征，以帮助进行正确的类预测。因为我们需要保证图像大小的一致，所以我们使用同样的填充（零填充），否则填充会被使用，因为它可以帮助减少特征的数量。

（3）加入池化层进一步减少参数的数量。

（4）在预测最终提出前，数据会经过多个卷积和池化层的处理。卷积层会帮助提取特征，越深的卷积神经网络会提取越具体的特征，越浅的网络提取越浅显的特征。

（5）输出层是全连接层，其中来自其他层的输入在这里被平化和发送，以便将输出转换为网络所需的参数。

（6）随后输出层会产生输出，这些信息会互相比较排除错误。损失函数是全连接输出层计算的均方根损失。随后我们会计算梯度错误。

（7）错误会进行反向传播，以不断改进过滤器（权重）和偏差值。

（8）一个训练周期由单次正向和反向传递完成。

2.3　深度学习网络中激活函数

在人工神经网络中，每个神经元如图 2-7 所示都有权重、偏差和激活函数，信息进入输入层、神经网络通过权重和偏差对输入信息进行线性变化，而非线性变换由

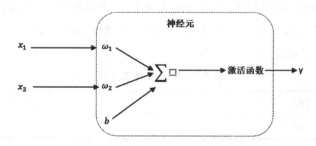

图 2-7　人工神经网络结构框架

激活函数完成。如果不用激活函数，在多层神经网络中，每一层结点的输入都是上层输出的线性函数，那么无论神经网络用了多少层，输出都是输入的线性组合，与没有隐藏层效果相当，网络的逼近能力就相当有限。激活函数本质上是函数映射，几乎可以逼近任意函数，提高网络非线性建模能力，因此激活函数是神经网络中极其重要的特征。

早期的神经网络很多采用 Sigmoid 函数和 Tanh 函数，近些年 ReLU 函数及其扩展函数在多层神经网络应用较多，常用的激活函数如图 2-8 所示。

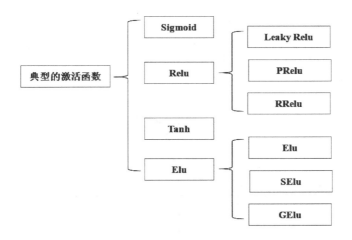

图 2-8　常用的激活函数

2.3.1　Sigmoid 函数

Sigmoid 的数学形式为：

$$\mathrm{sigmoid}(x) = \frac{1}{1 + e^{-x}}$$

如图 2-9 所示：

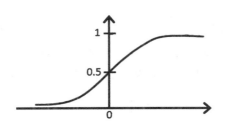

图 2-9　Sigmoid 函数

Sigmoid 在输入趋于正无穷或负无穷大时,函数趋近平滑状态,输出的范围在$(0,1)$之间,函数基于纵坐标对称,对于非常大的负数,输出为 0,对于非常大的正数,输出为 1,所以二分类的概率问题常常用这个函数。但是 Sigmoid 函数也有自身的缺点,首先在反向传播中,梯度在多层运算后变得非常小,引起梯度消失问题,当然这也不全是 Sigmoid 函数的问题,而是函数、权重共同作用的结果。其次 Sigmoid 函数的求解过程中存在幂运算,在规模较大的网络中,计算量较大,网络性能不佳。再次,Sigmoid 函数的中心平均值不为 0,导致在网络运算过程中,权值的更新只往一个方向更新,影响网络收敛的速度。

2.3.2　Tanh 函数

Tanh 函数改进了 Sigmoid 函数的非 0 均值问题,

其公式为：

$$\mathrm{Tanh}(x)=\frac{e^x-e^{-x}}{e^x+e^{-x}}=2\,\mathrm{sigmoid}(x)-1$$

如图 2-10 所示。

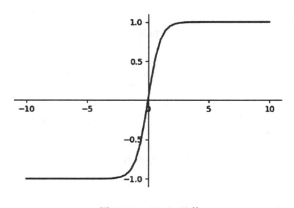

图 2-10　Tanh 函数

因此，Tanh 函数和 Sigmoid 函数非常相似，但是做了向下平移，解决了 Sigmoid 函数的非 0 中心问题。但是 Tanh 函数和 Sigmoid 函数一样都包含指数运算，计算复杂度较大。

2.3.3　ReLU 函数

ReLU(线性整流单元) 函数是 AlexNet 网络架构提出的非线性激活函数，是应用较早也较广的激活函数，在当时是深度学习算法较传统神经网络的一大进步。ReLU 函数的表达式：$\mathrm{ReLU}(x)=\max(0,x)$，特点为单侧抑制，如图 2-11 所示。

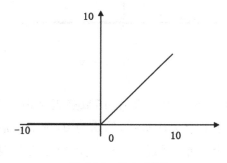

图 2-11　Relu 函数

在神经网络中作为隐藏层激活函数，定义了该神经元在线性变换后的非线性输出，ReLU 函数的特点是保证了大部分的输出值仍为输入值，只对关键的输入做了非线性变化，这样可以保留很大一部分信息。

ReLU 函数的优点是当输入大于 0 时，梯度为常数，不会产生梯度弥散现象，但是又催生了另外一个现象，如果计算梯度时有太多值都低于 0 会怎样？我们会得到相当多不会更新的权重和偏置,因为其更新的量为 0。但是 ReLU 函数的优点明显,计算复杂度低,所以是神经网络用的较多的激活函数。

在 ReLU 函数基础上,出现了 ELU(指数线性单元),ELU 解决了 ReLU 的负数输入问题,ELU 的公式表示为:

$$ELU(x) = \begin{cases} x & ,x > 0 \\ \alpha(e^x - 1) & ,x < 0 \end{cases}$$

ELU 函数用一个很小的固定参数 α 使得输入为负时能得到一个较小的值。因此 ELU 函数能改善 ReLU 函数的半侧抑制问题,帮助网络向正确的方向推动权重和偏置的更新,当输入为负时,在计算梯度时能得到激活,而不是让它们都等于 0。但是 ELU 函数包含指数运算,在计算性能上劣于 ReLU 函数。

Leaky ReLU(渗漏型整流线性单元激活函数)是 ReLU 函数的扩展,其数学表达公式为:

$$LRelU(x) = \begin{cases} x & ,x > 0 \\ \alpha x & ,x \leqslant 0 \end{cases}$$

参数 α 也是一个较小的数,当输入 x 为负数时,可以得到一个较小的数,解决了 ReLU 的单侧抑制问题,在计算梯度时,不存在指数运算,比 ELU 的计算性能好。

第3章　图像处理中的深度学习模型

3.1　深度学习网络模型

3.1.2　VGG 模型

"VGG"全名是牛津大学的 Oxford Visual Geometry Group。VGG 模型的相关论文是 *very deep convolutional networks for large-scale image recognition*，VGG 模型诞生于 2014 年，依然是当前的热门模型之一，也是一种卷积网络。它的核心思想是堆叠更多的卷积层来增加网络的深度，以提高模型的性能。利用带有很小卷积核（3 * 3）的网络结构对逐渐加深的网络进行评估，结果表明通过加深网络深度至 16—19 层可以极大地改进前人的网络结构。VGG 和同年的 GoogLeNet 模型第一次将模型深度提高到 16 层以上，使得图像识别和物体定位等系统的性能得到大幅度的提高。模型的特定：

- （1）输入均是裁剪过的 224 * 224 大小的 RGB 图片，并经过去均值处理。
- （2）卷积层中卷积核大小均是 3 * 3，步长为 1，补 1 圈 0（Padding = 1）。
- （3）池化层均采用最大池化（Max Pooling），但不是所有的卷积层都有池化层，池化窗口为 2 * 2，步长为 2，即采用的是不重叠池化。

和 AlexNet 相比，VGG 证明了增加网络的深度能够在一定程度上影响网络的最终性能。VGG 相比 AlexNet 一个改进是采用连续的几个 3 * 3 的卷积核代替 AlexNet 的较大卷积核，在给定的范围，采用堆积的小卷积核实优于采用大的卷积核，因为多层非线性可以增加网络深度来保证学习更复杂的模型。VGG 模型拓展性好，迁移到其他图片数据上的泛化性非常好，因此 VGG 网络常用来做图片风格迁移。

3.1.3　AlexNet 模型

AlexNet 网络结构模型是 2012 年 Alex Krizhevsky、Ilya Sutskever 和 Geoffrey Hinton 在

IamgeNet 图像分类赛上提出的,这个"大型的深度卷积神经网络"模型也帮助他们摘得了当年的图像分类赛冠军。他们发表的论文"ImageNet Classification with Deep Convolutional Networks"被认为是深度学习业内最重要的论文之一,真正体现了卷积神经网络的优势,是 CNN 在图像分类上的经典模型,研究图像分类离不开 AlexNet。ImageNet 数据集最初由斯坦福大学李飞飞等人在 CVPR2009 的一篇论文中推出的,是一个用于物体对象识别检索大型视觉数据库,是计算机视觉研究人员进行大规模物体识别和检测时,最先想到的视觉大数据来源。因此,ImageNet 不但是计算机视觉发展的重要推动者,也是这一波深度学习热潮的关键驱动力之一。

截至 2016 年,ImageNet 中含有超过 1500 万由人手工注释的图片网址,也就是带标签的图片,标签说明了图片中的内容,超过 2.2 万个类别。其中,至少有 100 万张里面提供了边框。

从 2010 年以来,ImageNet 每年都会举办一次软件竞赛,也即 ImageNet 大规模视觉识别挑战赛(ILSVRC),参赛程序会相互比试,看谁能以最高的正确率对物体和场景进行分类和检测,该项赛事不仅牵动着产学研三界的心,也是各团队、巨头展示实力的竞技场。主要包括三个部分的角逐,分别是图像分类、单物体定位和物体检测。ImageNet 于 2017 年正式结束。

ImageNet 历届冠军都对深度学习领域产生了重要的影响(表 3-1)。

表 3-1　视觉识别挑战赛的影响分析

模型	AlexNet	ZF Net	GoogleNet	ResNet
时间	2012	2013	2014	2015
层数	8	8	22	152
Top5 错误率	15.4%	11.2%	6.7%	3.57%

AlexNet 的网络结构如图 3-1 所示。

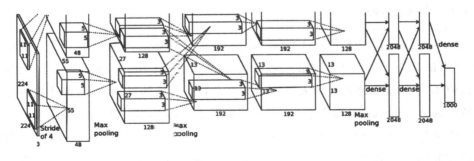

图 3-1　AlexNet 网络结构

整个网络有 8 个需要训练的层,前 5 个为卷积层,最后 3 层为全连接层。

第 1 个卷积层：

输入的图片大小为：224 * 224 * 3；

第 1 个卷积层为：11 * 11 * 96 即尺寸为 11 * 11，有 96 个卷积核，步长为 4，卷积层后跟 ReLU，因此输出的尺寸为 224/4＝56，去掉边缘为 55，因此其输出的每个 Feature Map 为 55 * 55 * 96，同时后面跟 LRN 层，尺寸不变。

最大池化层，核大小为 3 * 3，步长为 2，因此 Feature Map 的大小为：27 * 27 * 96。

第 2 层卷积层：

输入的 tensor 为 27 * 27 * 96；

卷积核的大小为：5 * 5 * 256，步长为 1，尺寸不会改变，同样紧跟 ReLU 和 LRN 层。

最大池化层，核大小为 3 * 3，步长为 2，因此 Feature Map 为：13 * 13 * 256。

第 3 层至第 5 层卷积层：

· 输入的 tensor 为 13 * 13 * 256；

· 第 3 层卷积为 3 * 3 * 384，步长为 1，加上 ReLU；

· 第 4 层卷积为 3 * 3 * 384，步长为 1，加上 ReLU；

· 第 5 层卷积为 3 * 3 * 256，步长为 1，加上 ReLU；

· 第 5 层后跟最大池化层，核大小 3 * 3，步长为 2，因此 Feature Map：6 * 6 * 256；

第 6 层至第 8 层全连接层：

接下来的 3 层为全连接层，最后一层 softmax 为 1000 类的概率值。AlexNet 使用 ReLU 代替了 Sigmoid，其能更快的训练，同时解决 Sigmoid 在训练较深的网络中出现的梯度消失，或者说梯度弥散的问题。另外采取 Dropout 随机失活机制，随机忽略一些神经元，以避免过拟合。在以前的 CNN 中普遍使用平均池化层，AlexNet 全部使用最大池化层，避免了平均池化层的模糊化的效果，并且步长比池化的核的尺寸小，这样池化层的输出之间有重叠，提升了特征的丰富性。提出了 LRN 层，局部响应归一化，对局部神经元创建了竞争的机制，使得其中响应小的值变得更大，并抑制反馈较小的值。使用了 GPU 加速计算。

3.1.4 GoogleNet

GoogLeNet 是是 ILSVRC 2014 的冠军，是 Christian Szegedy 提出的一种全新的深度学习结构，经典的算法是 LeNet－5，相关论文是：Going Deeper with Convolutions。在这之前的 AlexNet、VGG 等结构都是通过增大网络的深度来获得更好的训练效果，但层数的增加会带来很多负作用，比如 overfit、梯度消失、梯度爆炸等。GoogLeNet 提出最直接提升深度神经网络的方法就是增加网络的尺寸，包括宽度和深度。深度也就是网络中的层数，宽度指每层中所用到的神经元的个数。GoogleNet 从另一种角度来提升训练结果，能更高效的利用计算资源，在相同的计算量下能提取到更多的特征，从而提升训练结果。

GoogleNet 的核心思想是用 1×1 卷积进行升降维；二是在多个尺寸上进行卷积再聚合。GoogLeNet 借鉴了 Network－in－Network 的思想，改进了传统的 CNN 网络，采用少量的参数就可以击败之前的模型。

LeNet-5 算法主要从两个方面做了一些改良:

(1)卷积层的改进:MLPconv,在每个 local 部分进行比传统卷积层复杂的计算,提高每一层卷积层对于复杂特征的识别能力。如果传统的 CNN 网络,每一层的卷积层相当于一个只会做单一任务,你必须要增加海量的 filters 来达到完成特定量类型的任务,而 MLPconv 的每层 conv 有更加大的能力,每一层能够做多种不同类型的任务,在选择 filters 时只需要很少量的部分;

(2)采用全局均值池化来解决传统 CNN 网络中最后全连接层参数过于复杂的特点。

3.1.5 DeepFace

DeepFace 是 FaceBook 提出来的,称之为 CNN 在人脸识别的奠基之作,后续又出现了 DeepID 和 FaceNet 模型,目前人脸识别在深度学习应用方面取得了非常好的效果。Deep-Face 包含 4.4M 的训练集,训练 6 层的 CNN+4096 个特征映射+4030 类 Softmax,综合了 3D 技术、model enembel 等技术,在 LFW 上准确率达到了 97.35%。为什么 DeepFace 应用比较成功,引起了整个领域的关注,因为 DeepFace 是接近人类表现的,一套 Deep 网络,能提炼高度压缩的人脸特征,且可用于其他人脸是数据集。DeepFace 系统收集的人脸图,经过 facial alignment 系统处理后,所有人验特征部分都在 pixel 层面固定下来,人脸特征可以从 pixel 数据中提取(图 3-2)。

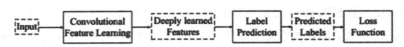

图 3-2　DeepFace 人脸识别流程

人脸检测的一般流程如下:

Face detection:对图像中的人脸检测,并将结果用矩形框框出来。

Face alignment:dui:对检测到的人脸进行姿态的校正,用 3D 模型将人脸对齐。分为如下几个步骤:

(1)人脸检测,使用 6 个基点。

(2)二维剪切,将人脸部分裁剪出来。

(3)67 个基点,然后 Delaunay 三角化,在轮廓处添加三角形来避免不连续。

这三层的目的是提取低层次的特征,其中 Max-pooling 层是卷积的输出对微小的偏移情况更加鲁棒,但没有太多的最大池化层,避免因为池化而损失图像信息。

(4)将三角化后的人脸变为有深度的 3D 三角网。

(5)将三角网做偏转,使人脸的正面朝前。

(6)放正人脸。

这三层都是使用参数不共享的卷积核。全连接层将上一层的每个单元和本层所有单元相连接,用来捕捉人脸图像不同位置的特征之间的相关性。全连接层的输出可以用于Softmax 函数的输入,该函数用于分类。最后的 CNN 提取的特征进行向量校正。

Face verification:人脸校验是基于 pairmatching 的方式,所以它得到的答案是"是"或者"不是"。在具体操作的时候,给定一张测试图片,然后挨个进行 pairmatching,matching 上则说明测试图像与该匹配上的人脸为同一个人的人脸。

Face identification:解决这个图片是谁的照片。

Deepface 是最早提出用 CNN 使得识别水平接近人类的方法。

3.1.5　6GAN

GAN(生成对抗网络,Generative Adversarial Networks)是 Ian J. Goodfellow 等人 2014年提出的一种生成式模型。引起了学术界到工业界的普遍关注,是近年来无监督学习在复杂分布上最热门的深度模型之一。从几大会议来看,2016 年 NIPS 的会议大纲中 GAN 被提及超过 120 次,同时,会议专门针对"Adversarial Training"组织了一个 workshop,收录了32 篇文章,绝大多数与 GAN 直接相关;2017 年 ICLR 提交的论文有 45 篇产生式模型相关,有 37 篇与对抗训练相关。

GAN 的核心思想来源于博弈论的纳什均衡。模型包括生成模型(Generative Model)和判别模型(Discriminative Model),生成模型的目的是捕捉真实数据样本的潜在分布,并生成新的数据样本;而判别模型的目的是尽量正确判别输入数据是来自真实数据还是来自生成器;为了取得游戏胜利,这两个游戏参与者需要不断优化,各自提高自己的生成能力和判别能力,生成器和判别器均可以采用目前研究火热的深度神经网络。两个模型的互相博弈学习产生效果较好的输出(图 3-3)。

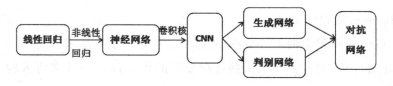

图 3-3　深度神经网络输出模型

生成对抗网络 GAN 的提出满足了许多领域的研究和应用需求,GAN 已经成为人工智能学界一个热门的研究方向。不但在学术界搜索热度持续增长,在工业界也得到广泛的关注。有许多做人工智能研究的公司正在投入大量精力来发展和推广 GAN 模型。其中包括 Ian Goodfellow 如今所在的 OpenAI 公司。同时 Facebook 和 Twitter 最近几年也投入了大量精力来研究将 GAN 应用在图像生成和视频生成上。

GAN 作为一个具有"无限"生成能力的模型,GAN 的直接应用就是建模,生成与真实数据分布一致的数据样本,例如可以生成图像、视频等。目前 GAN 主要的应用方向有:

图像增强,图像变换,图像生成,核心技术仍然是利用 GAN 对训练数据分布的捕获能力,如超分辨率图像的数据分布特点、语义分割图的数据分布特点,彩色图片的数据分布特点、艺术风格图片的数据分布特点等。数据分布的捕获结果体现在生成模型 G 内。

3.2　常用深度学习开发工具

3.2.1　TensorFlow 深度学习平台

TensorFlow 是谷歌基于 DistBelief 软件框架下进行研发的第二代人工智能学习系统,其命名来源于本身的运行原理。Tensor(张量)意味着 N 维的数组,Flow(流)意味着基于数据流图的计算,TensorFlow 为张量从流图的一端流动到另一端计算过程。TensorFlow 是将复杂的数据结构传输至人工智能神经网中进行分析和处理过程的系统。“张量”理论上是数学的一个学科分支,在力学中有重要的应用。“张量”这一术语起源于力学,它最初是用来表示弹性介质中各点应力状态的,后来张量理论发展成为力学和物理学的一个有力的数学工具。张量之所以重要,在于它可以满足一切物理定律必须与坐标系的选择无关的特性。

张量概念是矢量概念的推广,矢量是一阶张量。张量是一个可用来表示在一些矢量、标量和其他张量之间的线性关系的多线性函数。

TensorFlow 用张量这种数据结构来表示所有的数据,张量的数学形式表现为一个 n 维的数组或列表,一个张量有一个静态类型和动态类型的维数,张量可以在图中的节点之间流通,几何代数中定义的张量是基于向量和矩阵的推广,通俗一点理解的话,我们可以将标量视为零阶张量,矢量视为一阶张量,那么矩阵就是二阶张量。所以从数学角度看,张量理解成任意维度的矩阵。当张量从图中流过时,就产生了“flow”,一旦输入端的所有张量准备好,节点将被分配到各种计算设备异步并行地完成执行运算,即数据就快速地得到运算。在数字图像处理领域,可以将任意一张 RGB 彩色图片表示成一个三阶张量,三个维度分别是图片的高度、宽度和色彩数据。

张量是所有深度学习框架中最核心的组件,后续的所有运算和优化算法都是基于张量进行的。这就是 TensorFlow 名字的由来。张量的应用,使得 TensorFlow 表达了高层次的机器学习计算,大幅简化了第一代系统,并且具备更好的灵活性和可延展性。

TensorFlow 另一大亮点是支持异构设备分布式计算,它能够在各个平台上自动运行模型,从手机、单个 CPU / GPU 到成百上千 GPU 卡组成的分布式系统。TensorFlow 中还有一个概念是 kernel,kernel 是操作在某种设备上的具体实现。TensorFlow 的库通过注册机制来定义操作和 kernel,所以可以通过链接一个其他的库来进行 kernel 和操作的扩展。

在 TensorFlow 中,集成了很多现成的、已经实现的经典的机器学习算法,这些算法称为算子(表 3-2)。

表 3-2　经典的机器学习算法分析

类　　别	常用函数
Element－wise mathematical operations	Add,Sub,Mul,Exp,Log,Greater…
Array operations	Concat,Slice,Split,Constant,Rank…
Matrix operations	MatMul,MatrixInverse,MatrixDeterminant…
Stateful operations	Variable,Assign,AssignAdd…
Meural－net building blocks	SoftMax,Sigmoid,ReLU,Convolution2D…
Checkpointing operations	Save,Restore…
Queue and synchronization operations	Enqueue,Dequeue,MutexAcquire…
Control flow operations	Merge,Switch,Enter,Leave,NextIteration…

　　每个算子都会有属性,所有的属性都在建立图的时候被确定下来。比如,最常用的属性是为了支持多态,比如加法算子既能支持 float32,又能支持 int32 计算。

　　TensorFlow 系统图中的边分为两种:一种是正常边,是数据张量流通的通道,可以自由地计算数据。另一种边是特殊边,又称作控制依赖,(control dependencies),特殊边没有数据流过,但却可以控制节点之间的依赖关系,在特殊边的起始节点完成运算之前,特殊边的结束节点不会被执行。特殊边可以在客户端被直接调用。客户端使用会话来和 TensorFlow 系统交互,会话是程序的主要交互方式。一般的模式是,建立会话,此时会生成一张空图;在会话中添加节点和边,形成一张图,然后执行。TensorFlow 的 session 基本流程,如图 3-4 所示。

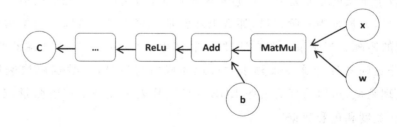

图 3-4　TensorFlow 的 session 基本流程

　　在 TensorFlow 里,当一个图正向计算的同时,复制自身生成一个反向图,当达到正向图的最终输出后,反向图开始工作,由最终结果向输入端计算。在具体计算中,TensorFlow 自带的优化算法可以根据资源节点的配置,将不同的任务分配到不同的节点上,同时有时候用户可以手动进行任务的分配,达到最优化配置。

　　TensorFlow 系统的几个重要概念如下:

　　(1)client:客户端,与 Master 或其他的工作节点交流;

（2）master：负责与客户端交互，调度任务；

（3）wordker process 表示工作节点，每个工作节点可以访问一到多个设备。

TensorFlow 分为单机版实现和分布式实现。在单机版实现中，任务由客户端提出，之后会话将任务提交给单机的 Master，由 Master 分配给单机的任务工作单元进行计算。任务工作单元由 CPU 或则 GPU 处理。在分布式实现中，客户端产生的运行命令交给 Master 去处理，将任务分配给不同的工作节点去处理。

TensorFlow 可被用于语音识别或图像识别等多项机器学习和深度学习领域，对 2011 年开发的深度学习基础架构 DistBelief 进行了各方面的改进，它可在小到一部智能手机、大到数千台数据中心服务器的各种设备上运行。TensorFlow 是完全开源的深度学习开发平台，Google 将 TensorFlow 开源开放的目的是建立一个通用的机器学习平台。虽然 Tensor-Flow 是公认的优秀平台，但是制约神经网络发展的除了模型，最大的一个问题是计算能力的挑战，因为隐藏层和神经元的增加，数据的计算能力呈现指数形式的增长，因此，要求承载着神经网络模型的计算系统要有强大的计算能力。

TensorFlow 是出现较早也是经常应用的深度学习开发平台。自 2016 年，百度飞桨（PaddlePaddle）正式开源，功能完备，且是一款十分具有竞争力的深度学习平台。

谷歌推出 Tensorflow 平台的同时还发布了 Tensorflow 游乐场，给大家提供了在网页上了解应用 Tensorflow 进行网络训练的整个过程。在这个平台上，可以设置测试数据的分布类型、神经网络隐藏层的层数、每一层的节点数、激励函数、正则表达式等，设置完成后可以直接看到输出效果，测试的 loss 值和训练的 loss 值等。神经网络是数学激活模型的一种实现，人工神经网络模型的参数和特征都是由训练模型自由确定和完成，模型的训练过程是一个黑盒过程，训练的权重不是由人工完成的。Tensorflow 游乐场是对神经网络模型最直观的工作原理表示，帮助理解网络的构成。当输入数据由线性变为更复杂的非线性的数据时，就需要将简单的神经网络变成更加复杂，拥有更多隐藏层、节点的网络。每个神经单元都在进行相关的特征分类，这些检测的结果是数据的基本特征。不同的隐藏层数和不同的神经元数增加网络的复杂度和检测的敏感度。所以一个模型主要的核心是网络的层数和神经元的个数（图 3-5）。

常用的 Tensorflow 数据类型包括数据常量（tf. constant）、数据变量（tf. Variable）和占位符（tf. placeholder）。因为 Tensorflow 特殊的数据计算和处理方式，数据占位符可以在程序执行阶段接收数据，在定义占位符的时候同时也要定义数据类型。Tensorflow 定义张量时使用 shape 属性定义矩阵的形状。下面是使用 Tensorflow 设计的一个最简单的反馈神经网络结构 hello. py。

importtensorflow as tf

import numpy as np ＃导入程序所需的 tensorflow 和 numpy 包，tensorflow 使用 Python 开发语言。

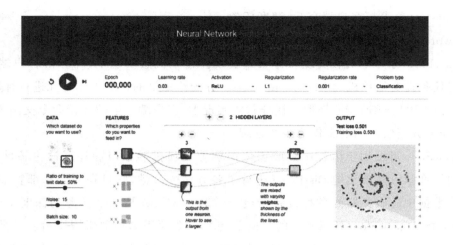

图 3-5　Tensorflow 游乐场

inputx＝np. random. rand(3000,1)

noise＝np. random. normal(0,0.01,inputx. shape) ♯加入的噪声是均值为 0,偏差为 0.01 的正态分布数据。

outputx＝10 * inputx＋1＋noise ♯使用 numpy 随机生成一个 y＝10x＋1 的曲线

♯创建第一层网络,设置变量 w1 和 b1,

w1＝tf. Variable(np. random. rand(inputx. shape[1],4))

b1＝tf. Variable(np. random. rand(inputx. shape[1],4))

x1＝tf. placeholder(tf. float64,[None,1]) ♯ x1 为 tf 占位符变量,这个变量在运算的过程中不停地被重新赋值。

y1＝tf. matmul(x1,w1)＋b1

y＝tf. placeholder(tf. float64,[None,1])

loss＝tf. reduce_mean(tf. reduce_sum(tf. square((y1−y)),reduction_indices＝[1]))

train＝tf. train. GradientDescentOptimizer(0. 25). minimize(loss) ♯建立一个一元线性回归模型,loss 计算损失函数,train 是采用梯度下降算法计算的训练方法。

init＝tf. initialize_all_variables( ) ♯全部参数设置完成后,启动数值初始化工作。

sess＝tf. Session( )

sess. run(init)

for i in range(100):♯设定指定的循环次数

　　sess. run(train,feed_dict＝{x1:inputx,y:outputx})♯将设定的值依次传递到训练模型中。

print(w1. eval(sess))

　　print("——————————")

```
print(b1. eval(sess))#输出每次迭代的参数值
x_data=np. matrix([[1. ],[2. ],[3. ]])
print(sess. run(y1,feed_dict={x1:x_data}))#训练结束后,结果存储在 y1 模
```
型中。

当向网络中加入隐藏层时,将第一层的输出作为第二层的输入,例如在上例中可以加入下列代码实现:
```
w2=tf. Variable(np. random. rand(4,1))
b2=tf. Variable(np. random. rand(inputx. shape[1],1))
y2=tf. matmul(y1,w2)+b2
y'=tf. placeholder(tf. float64,[None,1])
```

TensorFlow 的数据处理框架要覆盖所有数据的可能性因素,不仅要考虑输入的数据格式、硬件配置、操作系统以及数据存储,还要考虑数据不同的读取方式,以及 TensorFlow 训练时的大数据量。

TensorFlow 最常见的数据输入输出方式之一是队列,队列是一种先进先出的线性数据结构,从对首添加数据,在对尾删除数据。对于队列数据结构的处理,TensorFlow 提供了很多函数,创建一个队列首先要选定数据出入类型,如:

$x = tf. FIFOQueue(10,"int")$ 第一个参数是队列的数据个数,第二个参数是队列中的数据类型,对队列元素进行操作,都在"session"中进行:

$sess = tf. Session()$

$init = q. enqueue()$

$sess. run(init)$

TensorFlow 中的会话是支持多线程的,TensorFlow 提供了 Coordinator 和 QueueRunner 函数来对线程进行控制和协调,两个类同时使用共同协调多线程的同步和处理问题。TensorFlow 最简单的数据读取方式是用 placeholder,然后以 feed_dict 将数据给 holder 的变量,进行传递值。TensorFlow 通过队列方式对数据读取方式比普通的常量读取方式节省了很多冗余操作,省去了数据预处理工作。

CSV 文件是 TensorFlow 常用的一种文件存储方式,CSV(Comma—Separated Values,也称为字符分隔值)文件以纯文本形式存储表格数据(数字和文本)。纯文本意味着该文件是一个字符序列,不含必须像二进制数字那样被解读的数据。CSV 文件由任意数目的记录组成,记录间以某种换行符分隔;每条记录由字段组成,字段间的分隔符是其他字符或字符串,最常见的是逗号或制表符。通常,所有记录都有完全相同的字段序列,通常都是纯文本文件。在 TensorFlow 中经常使用 CSV 文件读取图片文件,在训练神经网络时,经常喜欢把训练数据存储成 csv 的格式,因为 csv 的纯文本格式,使得在不同的操作系统上的兼容性非常好,TensorFlow 对 CSV 文件的使用有非常好的支持。如,利用 Python 向 CSV 文件写入

一行数据：

```
import csv
c = open("url. csv","w")
writer = csv. writer( c )
writer. writerow(['name','address','city']) ♯ 也有其他的函数提供这项添加数据
```
功能。

TFRecords 文件是 TensorFlow 中的一种内置的二进制文件格式，它能够更好地利用内存，更方便地赋值和移动，方便将二进制数据和标签（训练的类别标签）数据存储在同一个文件中。将数据存储为 TFRecords 文件的时候，需要经过两个步骤：

1. 建立 TFRecord 存储器：tf. python_io. TFRecordWriter(path)，参数 path 是 TFRecords 文件的路径。

2. 构造每个样本的 Example 协议块。

```
message Example {    Features features = 1; };
message Features {     map<string, Feature> feature = 1;};
message Feature {
    oneof kind {
        BytesList bytes_list = 1;
        FloatList float_list = 2;
        Int64List int64_list = 3; }};
```

将图片转换成 TFRecords 文件的实现例子：

```
example = tf. train. Example(feature = tf. train. Features(feature = {
"image":tf. train. Feature(bytes_list=tf. train. BytesList(value=[image(bytes)]))
"label":tf. train. Feature(int64_list=tf. train. Int64List(value=[label(int)]))   }))
```

TensorFlow 的另一种常用的数据读取方式是 Dataset API，这是从文件中读取数据的主流方式。DataSet 是 ADO. NET 的中心概念。DataSet 可以被当成是内存中的数据库，它是不依赖于数据库的独立数据集合。

ADO. NET 中的数据访问模式大致可以分为连接模式和非连接模式。在连接模式中，程序连接到数据源后才能对数据源的数据进行数据处理，在数据的处理过程中一直要保持数据源的连接状态，在数据处理完成后断开与数据源的连接，释放资源。然后在非连接模式中，程序连接到数据源，并为数据源的数据创建内存中的缓存，之后可以断开数据源的连接。数据可以在缓存中实现查询等修改操作。数据操作完成后再与数据源建立连接实现数据源的更新。

在程序操作数据库时，应尽可能晚地打开数据库的连接，并且尽可能早地关闭数据连接，可以更好地利用连接池。非连接模型较好地体现这一操作思想。数据集 DataSet 是可

用于非连接的数据缓存,所以在程序中,即使断开数据链路或者关闭数据库,DataSet 依然是可用的。DataSet 在内部是用 XML 描述数据的。XML 是一种与平台无关、语言无关的数据描述语言,可以描述复杂关系的数据,所以 DataSet 是可以保存具有复杂关系的数据,用于独立于任何数据源的数据访问,可以用于多种不同的数据源。

　　TensorFlow 1.3 开始引入 DataSet API 新模块,主要用于数据读取、复杂数据变换等功能,如图像数据。在 TensorFlow 中立用 Dataset API,需要语句:tf. data. Dataset 导入 Data-Set。tf. data 包提供的 API 就是用来帮助用户快速的构建输入的管道 pipeline 的。以文本的输入为例,tf. data 提供的功能包括:从原始文本中抽取符号;将文本符号转化成查找表;把长度不同的输入字符串转化成规范的 batch 数据。因此,这个接口能够帮助用户轻松应对大数据量的处理,以及不同格式的归一化处理。

　　DataSet 类结构如图 3-6 所示。

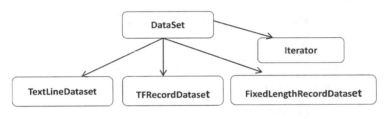

图 3-6　DataSet 类结构

　　其中,Dataset 和 Iterator 是两个最基础的类。

　　Dataset 可以用来表示一个序列的元素,每个元素都是张量或者张量集合。例如,在图像处理的管道中,Dataset 可以是一个训练样本。创建一个 Dataset 对象有两种不同的方式:

　　(1)从数据源构造 dataset。(例如 Dataset. from_tensor_slices())

　　constructs a dataset from one or moretf. Tensor objects.

　　(2)从其他 dataset 转换得到新的 dataset。

　　Iterator 接口用来是获取数据实例。由方法 Iterator. get_next() 返回数据集的下一个元素。这个接口在数据集和模型之间建立了对应。

　　Datase 的基本用法如下:

　　首先获取数据源,定义 Dataset 的数据来源,数据来源可以是 numpy 数组或则从 place-holder、tensors 中载入。Dataset 的每一个元素都是同构的。每一个元素是一个或者多个 tf. Tensor 对象,这些对象被称为组成元素. 每个组成元素都有一个 tf. DType 属性,用来标识组成元素的类型。Datase 提供了 Dataset. output_types 和 Dataset. output_shapes 这 2 个属性能够检查每个元素的输出类型和输出大小是否规范。如:

　　x = np. range([1,2,3,4,5,6])

　　dataset = tf. data. Dataset. from_tensor_slices(x)

接着需要使用一个 Iterator 遍历数据集并重新得到数据真实值,Iterator 共提供了 4 种类型的迭代器:one－shot、initializable、reinitializable、feedable。其中 one－shot iterator 是最简单有效的遍历器。它只支持遍历单一 dataset 即从头到尾读一次,如果如果要遍历多次,就要重新初始化。例如:

```
iterator = dataset. make_one_shot_iterator() ♯实例化一个 iterator
next_elem = iterator. get_next()
with tf. Session() as sess:
for iin range(6):
num = sess. run(next_elem) ♯取值
print(num)
```

Dataset 支持数据变换:Transformation。一个 Dataset 通过 Transformation 变成一个新的 Dataset。通常我们可以通过 Transformation 完成数据变换,打乱,组成 batch,生成 epoch 等一系列操作。常用的 Transformation 有:map、batch、shuffle 和 repeat。

map 接收一个函数,Dataset 中的每个元素都会被当作这个函数的输入,并将函数返回值作为新的 Dataset,如我们可以对 dataset 中每个元素的值加 1:

```
dataset = dataset. map(lambda x: x + 1)
```

batch 就是将多个元素组合成 batch,如下面的程序将 dataset 中的每个元素组成了大小为 32 的 batch:dataset＝dataset. batch(32)

shuffle 的功能为打乱 dataset 中的元素,它有一个参数 buffersize,表示打乱时使用的 buffer 的大小:dataset＝dataset. shuffle(buffer_size＝10000)

repeat 的功能就是将整个序列重复多次,主要用来处理机器学习中的 epoch,假设原先的数据是一个 epoch,使用 repeat(5)就可以将之变成 5 个 epoch:

```
dataset＝dataset. repeat(5)
```

Dataset 应用例子:读入路径中的图片和图片相应的 label,并将其打乱,组成 batch_size ＝32 的训练样本。在训练时重复 5 个 epoch。

```
def _parse_function(filename, label):
image_string = tf. read_file(filename)
image_decoded = tf. image. decode_image(image_string)
image_resized = tf. image. resize_images(image_decoded,[28, 28])
return image_resized, label
filenames = tf. constant(["image1. jpg","，image2. jpg",...]) ♯图片文件的列表
labels = tf. constant([0, 37, ...])
dataset = tf. data. Dataset. from_tensor_slices((filenames, labels))
♯此时 dataset 中的一个元素是(image_resized, label)
```

dataset = dataset. map(_parse_function)

♯通过 map,将 filename 对应的图片读入,并缩放为定义的大小。此时 dataset 中的一个元素是(image_resized,label)。

dataset = dataset. shuffle(buffersize=1000). batch(16). repeat(5)

♯在每个 epoch 内将图片打乱组成大小为 32 的 batch,并重复 5 次。最终,dataset 中的一个元素是(image_resized_batch, label_batch),image_resized_batch 的形状为(32, 28, 28, 3)。

3.2.2　Keras

Tensorflow 深度学习开发平台虽然功能强大,但是开发过程需要编写大量较为底层的代码,工作量大,开发难度也较大。Keras 可以解决这个问题,提供了很多高层次的封装类和 API,减少了开发的工作量。

Keras 是流行的深度学习开发框架之一,它的底层运行基于 Tensorflow、ThEano 和 CNTK,可以作为他们的高阶应用程序开发接口。Keras 提供了一些高度抽象的开发接口,可以让开发人员把精力主要放实现在高层的业务逻辑上。

Keras 有两个类型的模型,一个是序列模型,另一个是函数模型。

应用 Keras 的序列模型(Sequential)创建深度学习的网络结构,调用 add。

3.2.3　Pytorch *

3.2.4　Anaconda

Anaconda 是一个 Python 综合开发平台,提供了开发环境、插件、包的安装与管理功能,可以方便地开发安装第三方包。Anaconda 为开源平台,可在官网下载和安装。安装完成后通过 Anaconda Prompt 窗口应用 conda 或者 pip 命令进行查看、安装或删除等包的管理(图 3-7)。

图 3-7　Anaconda 开源平台

在 Anaconda 的图形化界面 Anaconda Navigtor 中，我们可以看到相应的开发软件和环境管理，一些能用 conda 命令实现的管理功能也可以在 Navigtor 中手动实现，比如安装包的管理。Anaconda 安装完成后，自带了部分开发工具，比如 Jupyter notebook，Jupyter 是基于 web 的交互式计算环境，可以编辑易于人们阅读的文档，可以进行分块式的编辑与展示，方便用于数据展示和分析过程，是机器学习最常用的工具之一（图 3-8）。

图：

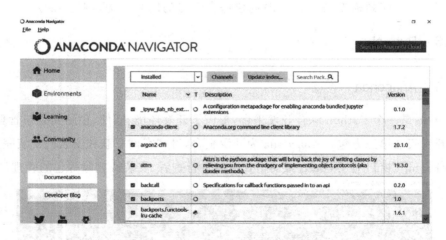

图 3-8　机器学习的常用工具

应用 Anaconda 平台，大大简化了初学者开发环境搭建的难度。

3.2.5　PaddlePaddle 深度学习平台

在 2019 年世界互联网大会上，百度飞桨（PaddlePaddle）深度学习平台入选"世界互联网领先技术成果"，Paddle 以百度多年的深度学习技术研究和产业实践为基础，集成了深度学习核心框架、基础模型库、工具组件、开发套件以及教育推广服务平台于一体，业务涉及图像处理、语音识别、机器翻译等多个领域和技术方向,是一个功能全面的深度学习框架。从 2016 年开始 PaddlePaddle 全面开源,功能完备,是具有竞争力的国产深度学习平台。在人工智能快速发展的今天,深度学习框架相当于计算机的操作系统,在人工智能产业中起着重要的基础保障作用。

　　PaddlePaddle 有一个对开发者很便利的优势是:可以方便地将同一代码部署在 GPU 或者 CPU 上,实现单机或者分布式模式,同时支持海量数据和多机器并行运算,可以应对大规模的数据训练,这对于初学者来说,硬件上的困难要小的多。近几年,Paddle 致力于深度学习教育领域,可以给初学者提供一键即用的云端环境,运行代码效果可视化(图 3-9)。

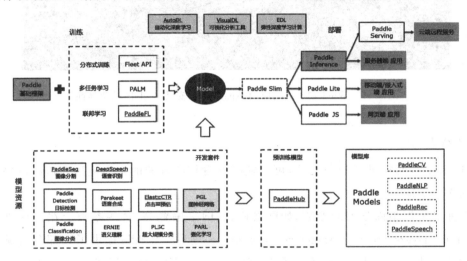

图 3-9　PaddlePaddle 人工智能开发框架

　　Paddle 提供了非常方便快捷的安装,图 3-10 为官网的安装教程,根据操作系统、安装方式、Python 版本以及处理器类型给出相应的安装源和安装步骤指导。最简单只需要 3 个步骤:安装 Python;安装 Anaconda;在 Anaconda 中安装 Paddle 。直到"Your Paddle Fluid is installed successfully!"。

操作系统	Windows	macOS	Ubuntu	CentOS
安装方式	pip	conda	docker	源码编译
Python 版本	Python 3		Python 2	
CUDA 版本	CUDA 10	CUDA 9		CPU版本

图 3-10　Paddle 的官网安装教程

图 3-11 为 Window10 系统应用 Anaconda3 安装 Paddle 成功界面。

图 3-11　Windoe10 系统应用 Anaconda3 安装 Paddle 成功界面

1. 编程基础

（1）Paddle 官网提供了较为文档，可以随时查看核心框架的基本应用。Paddle 提供了三种基本的 Variable：

第 1 种是模型中课学习的参数，如网络权重、网络偏置等，这些参数会在优化算法中更新，通过 fluid. layers. create_parameter(shape, dtype) 创建。Paddle 提供了大部分常见的神经网络的封装模块，如 fluid. layers. fc() 是封装的全连接网络模块，通过定义输入、输出矢量、偏置等初始化参数就可以确定具体的网络。

第 2 种是占位 Variable，Paddle 中实用 fluid. data 来接收输入的数据。

第 3 种是常量，用 fluid. layers. fill_constant 来定义常量，一般需要定义常量 Tensor 的形状、数据类型。Paddle 跟其他框架一样，也实用 Tensor 来表示数据。

（2）在 Paddle 中，所有操作由 Operator 表示，Paddle 封装在 fluid. layers、fluid. nets 等模块中。如下面代码实现两个 Tensor 的加法。

```
import paddle. fluid as fluid
a=fluid. data(name='a', shape=[2,2], dtype='int64')
b=fluid. data(name='b', shape=[2,2], dtype='int64')
sum=fluid. layers. elementwise_add(a, b)
```

（3）用 Program 描述整个计算过程，网络结构灵活，对模型的表达能力好。用户定义好计算结构后，Executor 将接受这段 Program 并转化为真正可执行的 FluidProgram，这一过程类似于 Java 语言的编译，编译过后需要用 Executor 来执行。

```
place＝fluid. CPUPlace()//定义执行器
exe＝fluid. Executor(place)
exe. run(fluid. default_startup_program())
c＝numpy. array([5],dtype＝'int64')
d＝numpy. array([6],dtype＝'int64')
sum＝exe. run(feed＝{'a':c,'b':d},fetch_list＝[sum])
print(sum)
```

2. 线性回归预测—PaddlePaddle 应用中的"hello world!"

线性回归预测是深度学习网络中最简单的模型,用来预测一些存在线性关系的数据集。在线性回归模型中,自变量与因变量之间存在一个线性函数,设 $y' = \omega x + b$,其中 y' 为预测结果,模型需要通过学习确定参数 ω、b ,线性模型最常用的损失函数是均方差,模型优化的目标是通过学习最小化损失函数,在模型训练过程中,损失函数逐渐收敛,得到一组使得网络拟合真实模型较好的参数。常用的优化算法是梯度下降。

```
import paddle. fluid as fluid ♯深度学习框架
import paddle
importnumpy as np ♯python 科学计算模块
import os♯python 系统操作模块
importmatplotlib. pyplot as plt    ♯python 绘图工具
BUF_SIZE＝500    ♯缓存大小
BATCH_SIZE＝20    ♯训练批次大小
train_reader ＝ paddle. batch(
paddle. reader. shuffle(paddle. dataset. uci_housing. train(),♯Paddle 提供的 housing 数
据训练集接口
buf_size＝BUF_SIZE),batch_size＝BATCH_SIZE)
test_reader ＝ paddle. batch(
paddle. reader. shuffle(paddle. dataset. uci_housing. test(),♯Paddle 提供的 housing 数据
测试集接口
buf_size＝BUF_SIZE),batch_size＝BATCH_SIZE)
♯定义全连接网络 y_predict,输入为 x,包含 13 个特征值,
x＝fluid. layers. data(name＝'x', shape＝[13], dtype＝'float32')
y＝fluid. layers. data(name＝'y', shape＝[1], dtype＝'float32')
y_predict＝fluid. layers. fc(input＝x,size＝1,act＝None)
cost＝fluid. layers. square_error_cost(input＝y_predict,label＝y)♯损失函数
avg_cost＝fluid. layers. mean(cost)♯损失值的平均
```

```
optimizer＝fluid. optimizer. SGDOptimizer(learning_rate＝0.001)#随机梯度优化,学习
率为0.001
opts＝optimizer. minimize(avg_cost)#最小化平均损失值
test_program＝fluid. default_main_program(). clone(for_test＝True)#定义测试程序
cpu＝fluid. CPUPlace( )
exe＝fluid. Executor(cpu) #创建一个 Executor 实例
exe. run(fluid. default_startup_program())#程序初始化
feeder＝fluid. DataFeeder(place＝place, feed_list＝[x,y])#向模型中输入数据
EPOCH_NUM＝100#训练次数
model_save_dir ＝ " /prediction. model"
#训练并保存模型
for pass_id in range(EPOCH_NUM):
    train_cost ＝ 0
    for batch_id, data in enumerate(train_reader()):
    train_cost ＝ exe. run(program＝fluid. default_main_program(),
    feed＝feeder. feed(data), fetch_list＝[avg_cost])
        if batch_id % 50 ＝＝ 0:
        print("Pass:%d, Cost:%f"%(pass_id, train_cost[0][0]))
        iter＝iter＋BATCH_SIZE
    iters. append(iter)
        train_costs. append(train_cost[0][0])
#测试模型
test_cost ＝ 0
for batch_id, data in enumerate(test_reader()):
  test_cost＝ exe. run(program＝test_program,
  feed＝feeder. feed(data fetch_list＝[avg_cost])
  print('Test:%d, Cost:%f' % (pass_id, test_cost[0][0]))
#保存模型
if not os. path. exists(model_save_dir):
        os. makedirs(model_save_dir)
print ('save models to %s' % (model_save_dir))
#用模型预测
pre_exe ＝ fluid. Executor(place)     #创建推测用的 executor
prediction _scope ＝ fluid. core. Scope()
```

```
with fluid. scope_guard(prediction_scope):
    [prediction_program, feed_target_names, fetch_targets] = fluid. io. load_prediction_model(model_save_dir, pre_exe)
    infer_reader = paddle. batch(paddle. dataset. uci_housing. test(),
    batch_size=200)
    test_data = next(pre_reader())
    test_x = np. array([data[0] for data in test_data]). astype("float32")
    test_y= np. array([data[1] for data in test_data]). astype("float32")
    results = pre_exe. run(prediction_program,
    feed={feed_target_names[0]: np. array(test_x)},
    fetch_list=fetch_targets)
```

通过这个例子,基本展示了 PaddlePaddle 从环境设置、数据设置、网络搭建、训练、测试、预测的整个运行过程。

第 4 章　基于 PaddlePaddle 图像处理案例分析

4.1　简单 CNN 网络实现

应用简单浅层的 CNN 网络在 Paddle Paddle 平台实现图片分类案例,实现一个卷积神经网络应用模型大致步骤,如图 4-1 所示。

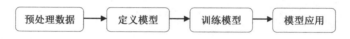

图 4-1　卷积神经网络应用模型步骤

定义模型包括定义网络结构和优化算法,导入数据需要对数据进行预处理,模型训练完成后,就可以运用模型进行数据预测。本案例应用的数据集来自 aistudio 的 fruits 数据集,数据集合较小,只有 apple、orange、pear、grape、banana 五个类别共 300 张图片。案例文件包括训练后的模型、训练和测试用数据、预测图片。

定义 CNN 模型核心代码如下:

```
def CNN(image, type_size):  # 第一个卷积/池化组/dropout
    conv_pool_1 = fluid. nets. simple_img_conv_pool(
        input = image,  # 输入数据
        filter_size = 3, num_filters = 32,  # 卷积核大小、数量
        pool_size = 2, pool_stride = 2,  # 池化区域大小和步长
        act = ' leaky relu')  # 激活函数
    drop = fluid. layers. dropout(x = conv_pool_1, dropout_prob = 0.5)
    conv_pool_2 = fluid. nets. simple_img_conv_pool(  # 第 2 个卷积池化组
        input = drop,  # 数据
```

filter_size=3，num_filters=64，

　pool_size=2，pool_stride=2，act='leaky relu')

drop=fluid. layers. dropout(x=conv_pool_2，dropout_prob=0.5)

♯第 3 个卷积池化组同上

fc=fluid. layers. fc(input=drop，size=512，act='relu') ♯ 全连接层

drop=fluid. layers. dropout(x=fc，dropout_prob=0.5)

♯输出层

predict=fluid. layers. fc(input=drop，size=type_size，act='softmax')

cost=fluid. layers. cross_entropy(input=predict，label=label) ♯损失函数

avg_cost=fluid. layers. mean(cost) ♯ 求损失平均值

accuracy=fluid. layers. accuracy(input=predict，label=label)

♯定义优化器：自适应梯度下降优化器

optimizer ＝ fluid. optimizer. Adam(learning_rate=0.0005)

optimizer. minimize(avg_cost)

♯定义执行器

place ＝ fluid. CPUPlace(0)

exe ＝ fluid. Executor(place)

exe. run(fluid. default_startup_program())

最后在模型的应用中可以给训练过的图形类型进行判别(图 4-2)。

```
infer_imgs.shape: (1, 3, 100, 100)
[array([[9.9755919e-01, 2.3963294e-13, 2.4407660e-03, 7.9527135e-10,
        2.9656264e-09]], dtype=float32)]
```

预测结果: apple

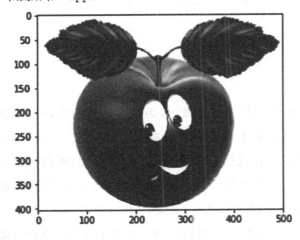

图 4-2　判别训练过的图形

4.2　生成对抗网络 GAN 实现图像处理

　　GAN(Generative Adversarial Networks),即生成对抗网络,作为一种优秀的生成式模型,自提出以来,一直是热门的研究方向,被广泛应用于计算机视觉、机器学习等领域。可以生成逼真的图像,可以应用于目标检测,也可以生成真实的场景,对图像进行风格转换等。从中国知网搜索"生成对抗网络"的文献数量如图 4-3 所示,研究人员对生成对抗网络的研究热度从 2017 年开始急剧增强。

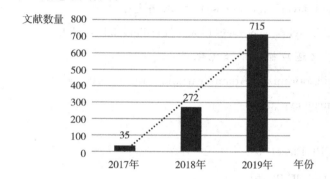

图 4-3　"生成对抗网络"数量

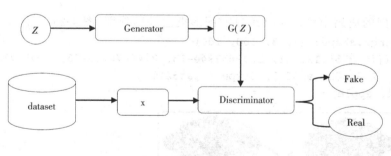

图 4-4

　　GAN 模型有两个特点:一是不依赖于任何先验假设,因为许多传统的方法会假设数据服从某一分布。二是生成器前向传播生成样本。最简单的实现原理如图 4-4 所示,通过对抗使得生成式模型能够逐步优化为较好拟合数据分布规律。Z 为隐变量,可以为服从高斯分布的随机噪声,Generator 通过 Z 生成样本数据,判别器 Discriminator 负责判断数据是生成的样本数据还是真实的数据。所以对于判别器来说,这是一个二分类问题,对于生成模型来说,要尽可能生成和真实数据接近的数据来欺骗判别器。因此对于优化函数,要最大化生成样本的判别概率,最小化交叉熵损失。

优化目标函数为：

$$\min_G \max_D V(G,D) = \min_G \max_D E_{x\sim p_{data}}[\log D(x)] + E_{z\sim p_z}[\log 1 - D(G(z))]$$

算法原理可以简单表述如下：

（1）初始化 Generator 和 Discriminator。

（2）固定 Discriminator，通过数据集中的随机数据或者随机噪声训练 Generator。

（3）固定 Discriminator 参数，更新 Generator。

（4）训练完成之后使用模型。

Generator 本质上是一个可微分的函数，Generator 接收随机变量 Z 的输入生成 $G(Z)$，Z 的选择没有限制，可以是随机噪声或者符合某种分布的变量，通常是一个 100 维的随机编码向量，生成器理论上可以逐渐学习任何概率分布，经训练后的生成网络可以生成逼近真实图像的数据，因此生成网络实际上是学习了训练数据的一个近似分布，因此生成对抗网络在各个领域都得到了应用。以利用 PaddlePaddle 平台生成手写数字为例分析生成对抗网络（GAN）的框架结构。

（1）定义数据。

```
z_dim = 100 #定义噪声维度
def z_reader(): #生成噪声数据
    while True: yield np.random.normal(0.0, 1.0, (z_dim, 1, 1)).astype('float32')
    mnist_generator = paddle.batch(
    paddle.reader.shuffle(mnist_reader(paddle.dataset.mnist.train()),30000), batch_size
=128)#通过 dataset.mnist.train()接口生成真实图片 reader
    z_generator = paddle.batch(z_reader, batch_size=128)() #定义生成假图片的 reader
```

（2）定义生成器。

```
def Generator(y, name="G"):
    with fluid.unique_name.guard(name + "/"):
        y=fluid.layers.fc(y, size=1024, act='relu') # 第一组全连接和 BN 层
        y=fluid.layers.batch_norm(y, act='relu')
        y=fluid.layers.fc(y, size=128 * 7 * 7) # 第二组全连接和 BN 层
        y=fluid.layers.batch_norm(y, act='relu')
        y=fluid.layers.reshape(y, shape=(-1, 128, 7, 7)) # 进行形状变换
        y=fluid.layers.image_resize(y, scale=2) # 第一组转置卷积运算
        y=fluid.layers.conv2d(y, num_filters=64, filter_size=5, padding=2, act='relu')
        y=fluid.layers.image_resize(y, scale=2) # 第二组转置卷积运算
        y=fluid.layers.conv2d(y, num_filters=1, filter_size=5, padding=2, act='relu')
    return y
```

生成器模块由全连接层、Batchnorm 层、卷积层组成，激活函数为 ReLU。在每个全连接层后加一个 BN 层有利于网络的稳定性，随着网络训练的进行，数据的分布在不断发生变化，发生偏移或者变动，整体分布逐渐往非线性函数的取值区间的上下限靠近，这样的输入分布结合 Sigmoid 激活函数会导致梯度消失，集合 ReLu 激活函数会导致神经元不被更新。BN 函数的目的是将偏移的分布强制拉回比较标准的分布，使得激活输入值在比较敏感的分布区间，避免梯度消失。

（3）定义判别器。

```
def Discriminator(images, name="D"):
    def conv_bn(input, num_filters, filter_size):
        y = fluid. layers. conv2d(input=input, num_filters=num_filters,
            filter_size=filter_size, stride=1)
        y = fluid. layers. batch_norm(y, act="leaky_relu") # 激活函数为 leaky ReLU
        return y
with fluid. unique_name. guard(name + "/"):
    y = conv_bn(images, num_filters=64, filter_size=3) # 第一个卷积＋池化组
    y = fluid. layers. pool2d(y, pool_size=2, pool_stride=2)
    y = conv_bn(y, num_filters=128, filter_size=3) # 第二组
    y = fluid. layers. pool2d(y, pool_size=2, pool_stride=2)
    y = fluid. layers. fc(input=y, size=1024) # 全连接层之后输出
    y = fluid. layers. batch_norm(input=y, act='leaky_relu')
    y = fluid. layers. fc(y, size=1)
    return y
```

在程序模块中，先定义了卷积操作的参数，包括卷积核数量、卷积核大小、滑动步长。网络层次是 2 组卷积池化加全连接层输出。接下去是定义程序，应用判别器判别真实图片并优化参数。

（4）应用判别器。

```
rear_p=Discriminator(real_image)
    real_cost=fluid. layers. sigmoid_cross_entropy_with_logits(rear_p, ones)
    real_avg_cost=fluid. layers. mean(real_cost) # 将判别器的输出应用 Sigmoid 函数
激活后计算损失值和平均损失值
    d_params=get_params(train_d_real, "D") # 获取参数
    optimizer=fluid. optimizer. AdamOptimizer(learning_rate=0.001) # 定义优化函数
和学习率
    optimizer. minimize(real_avg_cost, parameter_list=d_params) # 优化目标是最小
化平均损失值，更新判别器参数
```

应用生成器生成图片样本,网络结构和应用判别器判别图片类似,包括生成图片,预测,损失值和平均损失值计算,优化函数,参数迭代,学习率,最小化平均损失值等计算步骤。

(5)训练网络和预测数据。

```
for pass_id in range(50):#训练迭代次数
    for i, real_image in enumerate(mnist_generator()):
        r_fake = exe.run(program=train_d_fake,fetch_list=[fake_avg_cost],
        feed={'z': np.array(next(z_generator))})
        r_real=exe.run(program=train_d_real, fetch_list=[real_avg_cost],
        feed={'image': np.array(real_image)})
        r_g=exe.run(program=train_g, fetch_list=[g_avg_cost],
        feed={'z': np.array(next(z_generator))})
        print("Pass:%d,fake_avg_cost:%f, real_avg_cost:%f, g_avg_cost:%f"
        % (pass_id, r_fake[0][0], r_real[0][0], r_g[0][0]))
```

生成的手写体图片根据迭代的次数的损失函数值表现出效果的差异,图 4-5 为训练第 10 次生成的图片效果。

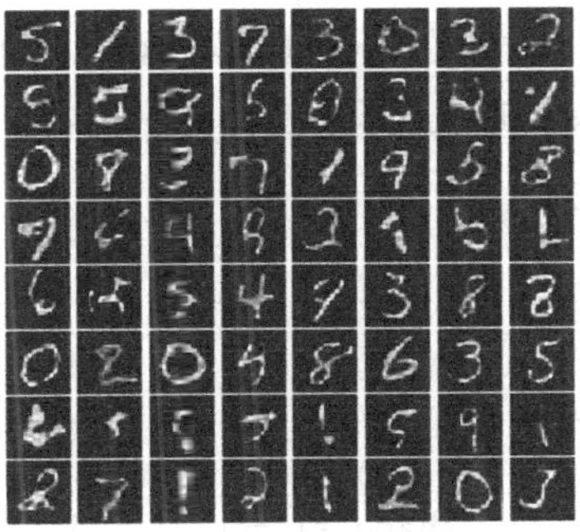

图 4-5　训练 10 次的生成效果图

传统的 GAN 模型有它的优势,但也存在很多问题,在训练过程中,无法通过生成器和判别器的损失值确定训练进程,双方的损失值不是持续的优化,要仔细平衡生成器和判别器的训练程度,其他的缺点比如梯度消失,模型训练不稳定等问题。随着研究的深入,GAN 的理论和模型框架不断得到改进和衍生,能够应用于更多的场景(表 4-1)。

其中,DCGAN 将卷积神经网络应用到生成对抗网络中,通过对传统 GAN 的体系结构改进,提高了 GAN 网络训练的稳定性和样本生成多样性。DCGAN 与 GAN 的区别在于,DCGAN 取消了所有的池化层,将池化层用带步长的卷积替代,使用 Batch Normalization 稳定网络学习,因此 DCGAN 网络为全卷积网络,对隐层的输入进行归一化处理,生成器和判别器分别使用不同的激活函数。生成器和判别器大致由下面结构组成:

表 4-1　多种理论和模型的特点分析

模型名称	特点	适用场景
GAN	生成器和判别器,反向传播算法	生成图像
BGAN	含有策略梯度的生成器, 含有估计差分度量的判别器	适用于离散数据, 生成文本
DCGAN	使用卷积神经网络的生成器和判别器	生成图像
WGAN	生成器和判别器,训练稳定, 通过一个评价值来评价训练进度	无监督学习
CGAN	生成器和判别器,两者输入层增加额外信息	无监督、半监督学习

（1）DCGAN 生成器。

```
def G(x):
    x = bn(fc(x, gfc_dim))
    x = bn(fc(x, gf_dim * 2 * img_dim // 4 * img_dim // 4))
    x = fluid. layers. reshape(x, [-1, gf_dim * 2, img_dim // 4, img_dim // 4])
    x = deconv(x, gf_dim * 2, act='relu', output_size=[14, 14])
    x = deconv(x, 1, filter_size=5, padding=2, act='tanh', output_size=[28, 28])
    x = fluid. layers. reshape(x, shape=[-1, 28 * 28])
    return x
    //其中 devonv 为反卷积操作
```

（2）定义判别器。

```
def D(x):
    x = fluid. layers. reshape(x=x, shape=[-1, 1, 28, 28])
    x = conv(x, df_dim, act='leaky_relu')
    x = bn(conv(x, df_dim * 2), act='leaky_relu')
    x = bn(fc(x, dfc_dim), act='leaky_relu')
    x = fc(x, 1, act='sigmoid')
    return x
    //判别器除了输出层应用全连接,其他层次由卷积操作和 Batch Normalization 组成
```

通过 epoch(5)和 epoch(9)执行结果的判别器损失值（D_loss）和生成器损失值（DG_loss）比较可得出,DCGAN 训练效果要高于 GAN,判别器和生成器的优化方向较为一致（图 4-6、图 4-7）。

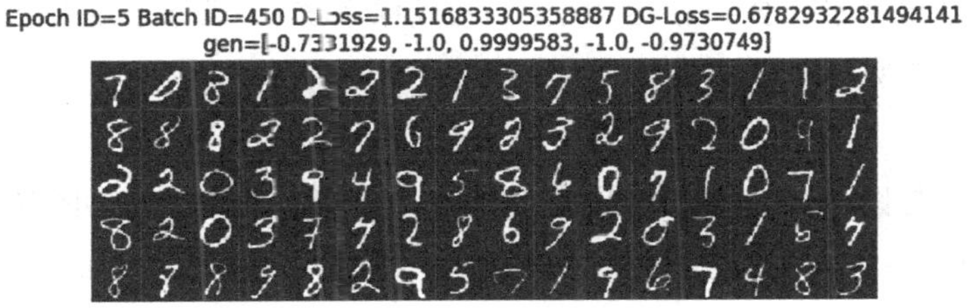

Epoch ID=5 Batch ID=450 D-Loss=1.1516833305358887 DG-Loss=0.6782932281494141
gen=[-0.7331929, -1.0, 0.9999583, -1.0, -0.9730749]

图 4-6　判别器的优化

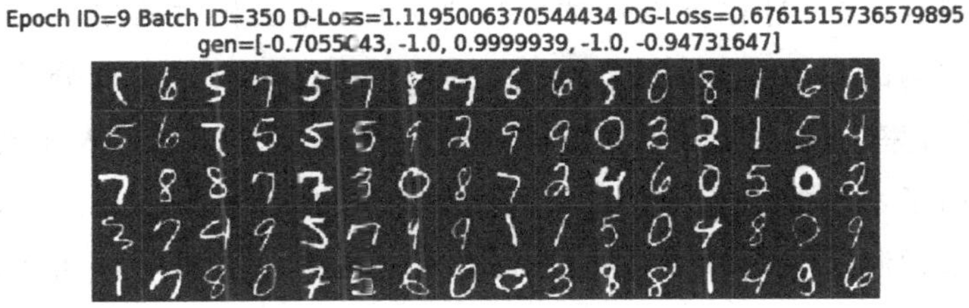

Epoch ID=9 Batch ID=350 D-Loss=1.1195006370544434 DG-Loss=0.6761515736579895
gen=[-0.7055643, -1.0, 0.9999939, -1.0, -0.94731647]

图 4-7　生成器的优化

GAN 系列模型从产生到逐步改进体现出活跃的发展势头,在图像生成和风格转换方面迎合当前社会文化和娱乐发展需求,也因此而激活了人们对研究 GAN 模型的创新热情,这在一定程度上促进了 GAN 技术的壮大。

4.3　基于深度学习网络的图像超分辨率重建技术

图像作为获取信息最直接、有效的途径,在计算机视觉、公众安全、医疗等各个领域都有重要的应用,而图像清晰度在应用中起着关键的作用。图像分辨率是衡量图像清晰度的重要指标,分辨率越高,数据能传达的信息越多,越有利于图像在任务中的应用和分析。但在现实中,很多时间提取的图像质量达不到应用的要求,需要通过后期的优化和处理。图像的分辨率越高,像素的密度越大,图像所含的信息量越大,图像的表现力越强。因此,提高图像分辨率是图像处理中的重要任务之一。

图像超分辨率重建(Super Resolution,SR)是以获取的原始图像或退化的图像序列为输入数据,通过一系列图像处理和算法,生成更高质量图像的技术和过程,是综合了图像处理、人工智能等多门学科的交叉技术。目前已经在医学图像处理、视频监控等方面得到了应用,随着图像应用领域的扩大,图像高清重建技术将得到更多的关注,有着更加广阔的应用前景。1964 年,Harris 和 Goodman 提出了利用外推频谱的方法合成细节信息更丰富的单帧图像技术,是最早出现的图像超分辨率概念。后人对其进行了进一步的研究,并相继提出了各种图像重建方法。

图像分辨率退化因素主要包括运动变换 D、成像系统 F、成像系统分辨率 R 以及加性噪声 N 的影响,线性模型可以表示为:

$$L = R \times F \times D(H) + N$$

超分辨率图像与图像降分辨率退化模型是可逆过程,这一过程为图像超分辨率重建技术奠定了理论基础。

当前的超分辨率重建技术主要有基于插值、重构和学习的重建算法。基于插值的重建技术出现较早,它将单副图像看作是平面上的一个点,在已知像素信息的基础上,用高分辨率信息进行插值拟合,这一过程可以用插值核来完成,算法相对简单。随后陆续出现的迭代反投影等基于重构的算法则是从图像的退化模型出发,通过提取低分辨率图像中的关键信息,并结合高分辨率图像的先验知识来约束超分辨率过程。随着人工智能的兴起,超分辨率重建技术利用了大量的训练数据,基于数据学习和模型训练,训练学习不同分辨率图像之间的映射关系预测高分辨率,从而实现图像的超分辨率重建。随着深度学习这一人工智能分支的深入研究,基于深度学习算法逐渐显露出优势,研究者们提供了各种基于深度学习的图像超分辨率重建技术和模型,从早期的基于卷积神经网络的 SRCNN 技术到基于生成对抗网络的 SRGAN 模型,都表现出了较好的性能,其中 SRCNN 是深度学习网络应用于图像超分辨率重建的开山之作。不同技术的区别在于网络结构、学习原理和策略、激活函数、损失函数等方面的不同应用。SRCNN 技术追求细节的恢复,SRGAN 注重大局,不看重细节,不同侧重点的技术应用领域也不同,如应用于医学领域,细节的分辨率增强可以辅助医生做出更加精确的判断。

SRCNN 是基于有监督的深度学习算法,模型的训练需要应用真实的高分辨率图像(图4-8)。

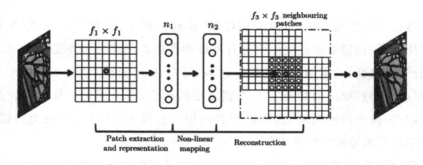

图 4-8　基于监督深度学习算法的模型

SRCNN 的网络设计思想包括以下三个层次:

(1)Patch extraction,实现图像的特征提取,即提取图像块,并建立稀疏字典。

(2)Non—linear mapping,将低分辨率的特征非线性映射为高分辨率特征。

(3)Reconstruction,根据高分辨率特征进行图像重建,在训练中,将高分辨率图像通过切割、模糊、放大为低分辨率图像,以原始高分辨率图像为目标,采用逐像素缩小损失函数为优化函数目标。

这三个过程都可以通过卷积运算实现。

设需要处理的低分辨率图像为 3 通道大小为 $H \times W$,则模型第一层的卷积核尺寸为 $C \times f_1 \times f_1 \times n_1$,在低分辨率图像上滑窗式提取 $f_1 \times f_1$ 大小的图像块区域进行 n_1 种类型的卷积操作。每一种类型卷积操作可以输出一个特征向量,n_1 个特征向量构成稀疏表示的字典。

第二层卷积核的尺寸为 $n_1 \times 1 \times 1 \times n_2$,第三层卷积核大小为 $n_2 \times f_3 \times f_3 \times C$,由高分辨率字典汇总每一个像素点位置的 $n_2 \times 1$ 向量重建 $f_3 \times f_3$ 图像块,图像块之间相互重合覆盖,最终实现图像重建。SRCNN 应用卷积神经网络处理图像超分辨率问题并取得了较好的实验效果。虽然 SRCNN 算法并不复杂,但是为后续各种算法的研究奠定了基础,在该领域有很大的影响力。

之后于 2016 年提出 ESPCN 模型直接在以原始的低分辨率图像为输入对象提取特征,直接运用像素重排列的以上采样方法。由于其有高效、快速的特点,可以运用到视频的实时超分辨率计算中。ESPCN 提出了亚像素卷积、反卷积等概念,使最后总的像素个数与高分辨率图像一致,涉及到普通卷积运算和像素的重新排列,在计算上比 SRCNN 简单高效。

基于生成对抗网络的超分辨率 SRGAN 方法于 2017 年提出,由于对抗生成网络能在无监督学习下有较好的工作效果,因此在图像超分辨率应用方面也有很好的应用前景。

SRGAN 包括两个相互对抗的网络。生成器的目的是生成尽量接近真实图像的高分辨率图像,判别器的目的是尽可能准确判断图像的真假(图 4-9)。

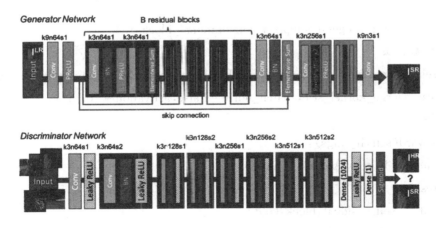

图 4-9 对抗网络超分辨率

SRGAN 的生成器网络结构由残差模块、卷积模块(卷积层、BN 层和激活函数)组成,判别器则由 VGG、LeakyReLU、最大池化层组成。

```
＃残差模块网络(residual blocks)结构
class SRResNet(dygraph. Layer):
        def __init__(self, large_kernel_size=9, small_kernel_size=3,
n_channels=64, n_blocks=16, scaling_factor=4):
            super(SRResNet, self). __init__()
        ＃卷积层 1,ConvolutionalBlock 包括卷积＋BN＋激活操作
        self. conv_block1 = ConvolutionalBlock(in_channels=3,
out_channels=n_channels, kernel_size=large_kernel_size,
batch_norm=False, activation='prelu')
            ＃残差模块链
        self. residual_blocks = dygraph. Sequential( * [ResidualBlock(kernel_size
=small_kernel_size, n_channels=n_channels) for i in range(n_blocks)])
            ＃卷积层 2
    self. conv_block2 = ConvolutionalBlock(in_channels=n_channels,
out_channels=n_channels, kernel_size=small_kernel_size,
batch_norm=True, activation=None)
            ＃卷积＋合并通道＋激活,放大模块
n_subpixel_convolutional_blocks= int(math. log2(scaling_factor))
self. subpixel_convolutional_blocks= dygraph. Sequential(
 * [SubPixelConvolutionBlock(kernel_size=small_kernel_size, n_channels=n_channels, scal-
ing_factor=2)
            for i in range(n_subpixel_convolutional_blocks)])
            ＃卷积层 3
        self. conv_block3 = ConvolutionalBlock(in_channels=n_channels, out_channels=
3, kernel_size=large_kernel_size, batch_norm=False, activation='tanh')
＃前向传播
    def forward(self, lr_imgs):
        out= self. conv_block1(lr_imgs)
        residual = out
        out = self. residual_blocks(out)
        out= self. conv_block2(out)
    out =out + residual
        out = self. subpixel_convolutional_blocks(out)
        sr_imgs = self. conv_block3(out)
        return sr_imgs
```

损失函数不再使用均方差,因为均方差优化的结果是使图像过于平滑,而是由 Adversarial Loss 和 Content Loss 两部分的组合来评价,作为判别器损失函数来对生成图像进行判别。

在 Content_loss 的定义中,采用了 VGG Loss,其中 $\varnothing_{i,j}$ 是第 i 个最大池化层前的第 j 个卷积的特征图:

$$l_{VGG(i,j)}^{SR} = \frac{1}{W_{i,j} H_{i,j}} \sum_{x=1}^{W_{i,j}} \sum_{y=1}^{H_{i,j}} (\varnothing_{i,j} (I^{HR})_{x,y} - \varnothing_{i,j} (G_{\theta_G} (I^{LR}))_{x,y})^2$$

生成损失 adversarial_loss 的定义为重建的高分辨率图像被判断为真实图像的概率,应用的是交叉熵损失函数计算:

$$l_{Gen}^{SR} = \sum_{n=1}^{N} - log\ D_{\theta_D} (G_{\theta_G} (I^{LR}))$$

应用 PaddlePaddle 框架实现损失函数的定义。

```
# 计算 VGG 特征图
    sr_imgs_in_vgg = truncated_vgg19(sr_img)
    hr_imgs_in_vgg = truncated_vgg19(hr_img)
# 计算内容损失
content_loss=fluid. layers. mse_loss(sr_imgs_in_vgg, hr_imgs_in_vgg)
    sr_discriminated = discriminator(sr_img)
# 计算生成损失
adversarial_loss=fluid. layers. sigmoid_cross_entropy_with_logits(
    sr_discriminated, fluid. layers. ones_like(sr_discriminated))
# 计算总的感知损失
    perceptual_loss = content_loss + beta * adversarial_loss
```

4.4　PaddlePaddle 预训练模型应用

PaddlePaddle 提供众多常用的预训练模型,这些模型涵盖了图像识别、图像生成、语义理解、情感分析等主流应用,并提供了模型管理迁移学习工具 PaddleHub,通过 PaddleHub 开发者可以使用高质量的预训练模型集合 API 快速完成迁移学习到应用的部署。因此 PaddleHub 的目标是模型即软件,通过少量代码可以实现深度迁移学习,为深度学习的应用走向工业化提供便利。

以常见的图像分类应用为例,PaddleHub 提供了基于百度自建图像数据库的可以识别近 8000 种动物的预训练模型 resnet50_vd_animals 和 mobilenet_v2_animals,用于图像分类和特征提取。其中 resnet50 基于 ResNet 原始结构的变种，mobilenet_v2 是一个轻量化的卷积神经网络。PaddleHub 的安装基于 PaddlePaddle 应用环境，应用 PaddleHub 的流程如图 4-10所示。

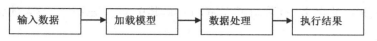

图 4-10　PaddleHub 的流程

（1）输入数据

```
＃将要识别的图像对象存放在 data 路径下，路径的描述保存在 test. txt 中描述。
with open('test. txt','r') as f：
    img_path=[]
    for line in f：
        img_path. append(line. strip())
        print(img_path)
＃从 test. txt 中读取文件路径，并保存在 img_path[]数组中，一张图片路径为数组中
的一项。
```

（2）加载模型

```
import paddlehub as hub
module＝hub. Module(name＝"mobilenet_v2_animals")
```

（3）执行任务

```
 import cv2
np_images＝[cv2. imread(images_path)for images_path in img_path]
results＝module. classification(images＝np_images)
for result in results：
print(result)
＃应用 OpenCV 工具读取图片，调用模型的 classification 方法执行图片分类
执行结果：
```

'亚洲象'：0. 7051264047622681

参考文献

［1］Ian Goodfellow，Yoshua engio，Aaron Courville. Deep Learning［M］. 中国工信出版集团，人民邮电出版社，2017.

［2］王周春. 基于机器学习的目标探测与识别技术研究［D］. 中国科学院大学（中国科学院上海技术物理研究所），2020.

［3］王心一，刘智. 深度学习在微机原理实践课程中的应用［J］. 电气电子教学学报，2020，42（03）：107－111.

［4］王秋蓉，于志宏. 担负起 AI 造福人类的时代之责——访百度集团副总裁、深度学习技术及应用国家工程实验室副主任吴甜［J］. 可持续发展经济导刊，2020（04）：21－23.

［5］RafaelC. Gonzalez，RichardE. Woods. DigitalImageProcessing［M］. Publishing House of Electronics Industry，2007.

［6］Eric Matthes. Python 变成从入门到实践［M］. 中国工信出版集团，人民邮电出版社.

［7］Wu ZhengWen. Application of convolution neural network in image classification［J］. University of Electronic Science and Technology of China，2015.

［8］LeCun Y，Bottou L，et al. Gradient－based learning applied to document recognition［J］. Proceedings of the IEEE，1998，86（11）：2278－2324.

［9］Nair V，Hinton G E. Rectified inear units improve resricted Boltzmann machies［J］. Proceedings of the 27th International Conference on Machine Learning. 2010：807－814.

［10］Zhou Fei－Yan，Jin Lin－Peng，Dong Jun，Review of convolutional neural network［J］. Chinese Journal of Computers. 2017 40（6）.

［11］Zhang Shun，Gong Yi－Hong，Wang Jin－Jun. The development of deep convolution neural network and its applications on computer vision［J］. Chinese Journal of Computers. 2019，42（3）.

［12］Huang KaiQi，Ren WeiQiang，Tan Tie－iu. A review on image object classification and detection［J］. Chinese Journal of Computers，2014.

［13］Nair V，Hinton G E. Rectified inear units improve resricted Boltzmann machies［J］.

Proceedings of the 27th International Conference on Machine Learning. 2010:807—814.

[14] Goodfellow I, Pouget—abadit J, Mirza M, et al. Generative adversarial nets[C]//Advances Neural Information Processing Systems Conference. 2014:2672—2680.

[15]Hinton G, Deng L, Yu D et al. Deep neural networks for acousitic modeling in speech recognition: The shared views of four research groups[J]. IEEE Signal Processing Magazine, 2012,29(6).

[16] Henaff M, Bruna J, LeCun Y. Deep convolutional networks on graph—structured data[J]. arXiv preprint arXiv,2015.

[17]Hsu C W, Lin C J. A comparison of methods for multiclass support vector machines [J]. IEEE Trans Neural Netw,2002,13:425—425.

[18] Deng N Y, Tian Y J, Zhang C H. Support Vector Machines:
Theory, Algorithms , and Extensions[J]. Boca Raton:CRC Press,2012.

[19]姜玉宁. 基于生成对抗网络的图像超分辨率重建算法研究[D].青岛大学,2020.

[20]骆训浩.卷积神经网络中非线性激活函数的研究与应用[J].大连理工大学.2018.

[21]孙志军,薛磊,许阳明,王正.深度学习研究综述[J].计算机应用研究.20 12,29 (8).

[22]孙克雷,虞佳明,孙刚. 一种基于改进 Softplus 激活函数的卷积神经网络模型[J].阜阳师范学院学报. Vol.37,No 1,Mar 2020.

[23]石琪.基于卷积神经网络图像分类优化算法的研究与验证[J].北京交通大学,2017.

[24]王红霞,周家奇,辜承昊,林泓.用于图像分类的卷积神经网络中激活函数的设计[J].浙江大学学报. vol. 53,No 7,Jul 2019.

[25] 麦应潮,陈云华,张灵.具有生物真实性的强抗噪性神经元激活函数[J].计算机科学. Vol. 46 No. 7,July 2019.

[26] 吴丽娜,王林山.改进的 LeNet—5 模型在花卉识别中的应用[J].计算机工程与设计. Vol. 41 No. 3,Mar. 2020.

[27]刘世豪.基于深度学习的图像超分辨率重建[J].青岛大学. 2019.

[28] 杨涵晰.基于改进 CNN 的单幅图像超分辨率重建方法[J].内蒙古科技大学. 2019.

[29]徐政超.基于深度学习的图像处理技术[J].数字技术与应用,2019,37(05):222 +224.

[30]李胜旺,韩倩.基于深度学习的图像处理技术[J].数字技术与应用,2018,36(09): 65—66.

[31]倪敏. 基于深度学习的 RGB—D 图像处理关键技术研究[D].天津大学,2018.

[32]张涛,刘玉婷,杨亚宁,三鑫,金映谷.基于机器视觉的表面缺陷检测研究综述[J].科学技术与工程,2020,20(35):14366—14376.

[33]李传朋,秦品乐,张晋京.基于深度卷积神经网络的图像去噪研究[J].计算机工程,2017,43(03):253—260.